JN017512

Frontiers in Physics 23

量子エンタングルメントから創発する宇宙

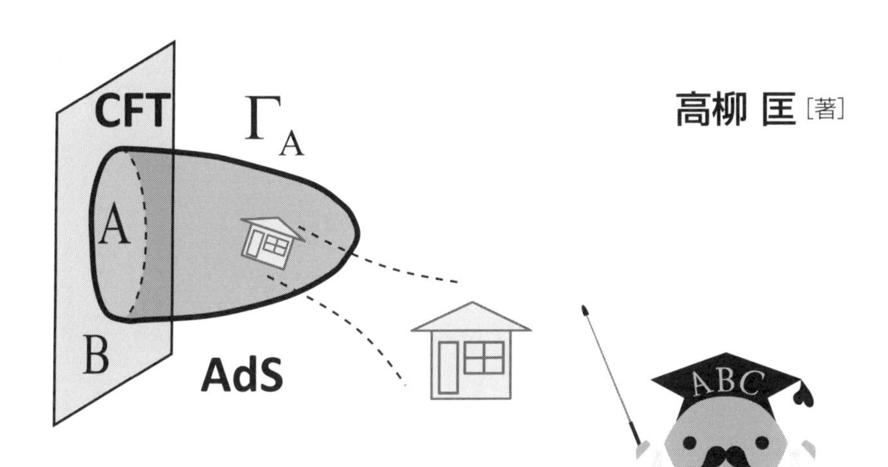

高柳 匡［著］

基本法則から読み解く **物理学最前線**

23

須藤彰三
岡　　真［監修］

共立出版

刊行の言葉

近年の物理学は著しく発展しています．私たちの住む宇宙の歴史と構造の解明も進んできました．また，私たちの身近にある最先端の科学技術の多くは物理学によって基礎づけられています．このように，人類に夢を与え，社会の基盤を支えている最先端の物理学の研究内容は，高校・大学で学んだ物理の知識だけではすぐには理解できないのではないでしょうか．

そこで本シリーズでは，大学初年度で学ぶ程度の物理の知識をもとに，基本法則から始めて，物理概念の発展を追いながら最新の研究成果を読み解きます．それぞれのテーマは研究成果が生まれる現場に立ち会って，新しい概念を創りだした最前線の研究者が丁寧に解説しています．日本語で書かれているので，初学者にも読みやすくなっています．

はじめに，この研究で何を知りたいのかを明確に示してあります．つまり，執筆した研究者の興味，研究を行った動機，そして目的が書いてあります．そこには，発展の鍵となる新しい概念や実験技術があります．次に，基本法則から最前線の研究に至るまでの考え方の発展過程を“飛び石”のように各ステップを提示して，研究の流れがわかるようにしました．読者は，自分の学んだ基礎知識と結び付けながら研究の発展過程を追うことができます．それを基に，テーマとなっている研究内容を紹介しています．最後に，この研究がどのような人類の夢につながっていく可能性があるかをまとめています．

私たちは，一歩一歩丁寧に概念を理解していけば，誰でも最前線の研究を理解することができると考えています．このシリーズは，大学入学から間もない学生には，「いま学んでいることがどのように発展していくのか？」という問いへの答えを示します．さらに，大学で基礎を学んだ大学院生・社会人には，「自分の興味や知識を発展して，最前線の研究テーマにおける“自然のしくみ”を理解するにはどのようにしたらよいのか？」という問いにも答えると考えます．

物理の世界は奥が深く，また楽しいものです。読者の皆さまも本シリーズを通じてぜひ，その深遠なる世界を楽しんでください．

須藤彰三
岡　真

はじめに

私が専門としている素粒子理論の本来の目的は，物質を構成する最小単位となる粒子を見出し，その粒子に働く力を明らかにすることである．この最小単位の粒子を素粒子と呼ぶ．このとき，物質が収容されている時空は，もともと与えられていると仮定して話を進めるのが通常である．つまり，時間座標や空間座標は最初から与えられているとして議論をスタートするのであり，なぜそもそも時間や空間（まとめて時空と呼ぶ）が存在するのかは気にしない．これは物質の例でいうと，物質が何から構成されているのかを気にせずに，最初から大きな塊として扱うことに相当する．そこで，素粒子が多数集まって物質を構成するように，時空自体にも何か最小単位があり，それが多数のブロックを組み合わせるようにして宇宙が生まれると考えることができないだろうか．実際に，重力の理論において，プランクスケールという最小の長さスケールが存在することがよく知られている．このように，いわば「時空の素粒子」の探求が最近の素粒子理論における最先端の話題の一つとなっている．

このような重力理論において基礎的な問題を考える際に威力を発揮するのがゲージ重力対応である（AdS/CFT 対応とも呼ばれ，より一般にホログラフィー原理と呼ばれる）．この対応は，特別な時空における重力の理論（一般相対論やその発展）が物質の理論（量子論）と実は等価になってしまう現象である．つまり前者には重力の相互作用があるが，後者ではそれが消えてしまい，さらに後者は前者と比べて時空の次元が 1 次元低くなるのである．この「時空＝物質」という奇妙で驚くべき対応関係は，ブラックホールの物理を鋭く考察することから生まれた．

このゲージ重力対応の考え方を用いると，重力理論における空間の面積が，プランクスケールを単位にすると，物質の「エンタングルメント・エントロピー」

と呼ばれる量と一致することがわかる．このエンタングルメント・エントロピーとは量子力学における二体間のミクロな相関を測る量であり，片方のみ測定した場合にアクセスできない「隠れた情報量」と解釈ができる．この量子論特有のミクロな相関を量子エンタングルメントと呼ぶ．さて，このようにして「時空の面積＝情報量」という関係式が得られ，重力理論の時空を細かくすることは，物質に含まれるミクロな情報を細かく分けることになる．以上のように考えると，1 ビットの情報がちょうどプランクスケールの宇宙に相当することになり，それを無数に組み合わせることで巨視的な宇宙が生まれるという描像が得られるのである．

量子力学や統計力学の初歩を学んだ学部生が理解できるように必要な知識を順次説明しながら，以上で述べた最先端の話題を紹介することが本書の目的である．専門分野としては素粒子論の中でも主に超弦理論の分野に関する話題ではあるが，本書を理解する上で超弦理論の知識は仮定しない．一部に場の理論や一般相対論を用いたアドバンストな内容も書いてあるが，それらの部分は読み飛ばしても本書の重要な部分の理解に差し支えない．

本書の作成中の原稿に多数の誤植等を指摘してくださった，京都大学の大学院生の魏子夏氏と瀧祐介氏，学部生の鈴木優樹氏，また有益なコメントを頂いた京都大学の研究員の芝暢郎氏に感謝したい．最後に，辛抱強く原稿の完成を見守ってくださった共立出版株式会社編集部の髙橋萌子氏と，閲読していただいた岡真先生に心から感謝の意を表したい．

2020 年 8 月　　　　高柳　匡

目　次

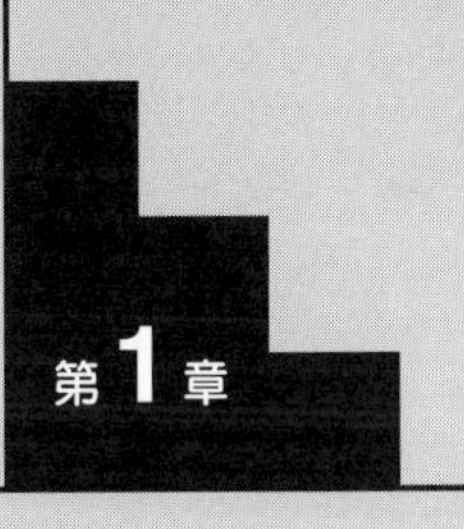

第1章 本書のガイド—量子論からブラックホールやゲージ重力対応，そして宇宙創発まで

本書では，量子論からスタートして，量子情報理論，量子多体系の理論，場の理論，そして重力の理論へと話題を展開して最先端の話題を解説する．したがって，理論物理学全体に及ぶ理論体系を念頭に話を進めていくことは避けられない．個々の理論についてはその都度，平易に解説をしていくが，多くの異なった視点から理論物理学を考察することになるので，全体としての流れを最初に説明しておくことは本書をより読み易くするために有益であろう．そこで，この1章では，このテーマの発展の歴史的経緯を交えながら，本書の内容のガイドとなるように，数式をほとんど用いずに平易な解説を行いたい．

●量子力学と量子情報（2章）

マクロな物体の運動はニュートンの運動方程式に従い，この理論体系が**古典力学**である．一方，電子や陽子といったミクロな世界の物理法則は**量子力学**と呼ばれる理論で記述される．ミクロな世界では，粒子は波としての性質をもつことはよくご存じのことと思う．波と解釈できることから，二つの状態を重ね合わせることができる．この状態の重ね合わせは，古典力学にはない量子力学特有の性質である．例えば，点Pにある粒子がいる状態と点Qに同じ粒子がいる状態を重ね合わせることができるのである．量子力学では，ニュートンの運動方程式に相当する基礎方程式は，波に対する方程式に代わり，これが**シュレディンガー方程式**である．

先ほどの重ね合わせの性質であるが，二つの粒子を考えるとさらに興味深い現象が起こる．この粒子をそれぞれ A と B と呼ぼう．古典力学では，粒子 A と B がともに点Pにいるという状態は普通に実現される．また逆に，A と B がともに点Qにいるという状態も同様である．量子力学では，この両者の**状態**

の重ね合わせも実現することができる．量子力学の状態を**量子状態**と呼ぶ．この重ね合わせの量子状態では，A と B は常に同じ位置にいることになり，もし粒子 A の位置を測定して点 P（ないし Q）にいることがわかれば，それ以上測定せずに，粒子 B は点 P（ないし Q）にいることがわかってしまう．つまり粒子 A と B の位置情報は強く相関しているのである．この AB 間の強い相関を**量子エンタングルメント**（量子もつれ）と呼ぶ．

また，これを逆に見ると，もともとの粒子 A と B からなる重ね合わせの状態は，量子力学において，曖昧さのない明確な量子状態（**純粋状態**と呼ぶ）であるが，粒子 A ないし B のどちらかに注目すると点 P か点 Q のどちらにいるのかわからないという曖昧な状態（**混合状態**）となってしまう．このように，全体として明確な量子状態でも，その一部を見ると状態が曖昧になってしまう，という現象が起こる．これは古典力学にはない量子力学の特色であり，量子エンタングルメントに起因する．

この AB の二粒子の例からわかるように，観測者が A のみにアクセスできる状況を考えると，「粒子 A が点 P か点 Q のどちらにいるのか」という情報を A はもつ．この情報を **1 量子ビットの情報量**と呼び，情報量の単位として使われる．これを相関という立場で言い換えると，A と B の間に 1 量子ビットの量子エンタングルメントがある，ということもできる．

より一般に，量子力学における二体間の相関において，片方のみ観測でき，もう片方は観測できない場合を考えよう．このとき，どれだけの情報が欠落するのか，を定量化する量が**エンタングルメント・エントロピー**である．このエンタングルメント・エントロピーは，両者の間の量子エンタングルメントが，前述の 1 量子ビットの相関の何個分か，つまり何量子ビットかを見積もる量として定義される．

このようにミクロな量子の世界では，量子エンタングルメントという現象が起こり，「情報」という概念も古典的な世界と異なってくる．量子の世界の情報の在り方は，**量子情報**と呼ばれ，その理論体系を**量子情報理論**と呼ぶ．本書の 2 章で上記の内容について述べる．特に 2.8 節はアドバンストな内容を含んでいるので，初めて読む場合は飛ばして次の章へ進んでもよい．

●量子多体系と場の理論（3章）

量子力学に従う粒子が多数集まって構成される系に代表されるような多自由度な量子系を，**量子多体系**と呼ぶ．この量子多体系において局所的な相互作用が働く場合には，**場の理論**（もしくは場の量子論）と呼ばれる理論体系で記述することができる．このような系の最低エネルギー状態（基底状態や真空と呼ぶ）は，一般に複雑な量子エンタングルメントを有している．

特に，量子系が空間的に広がっている場合に，その空間を A と B に二分割する．そのときの領域 A と B の間の量子エンタングルメントの量，すなわちエンタングルメント・エントロピーは，この量子多体系の状態を特徴づける重要な量となる．一般的に，場の理論の基底状態に対しては，**面積則**が成り立つことが知られている．この面積則とは，A と B の間のエンタングルメント・エントロピーは，系を A と B に分割する曲面の面積に比例するという法則である．

このエンタングルメント・エントロピーを場の理論で計算する手法は最近まで多くの研究によって開拓され，様々な結果が得られてきた．その中で特に有力な計算法は，量子力学や場の理論の経路積分の定式化を用いた**レプリカ法**である．場の理論において，エンタングルメント・エントロピーは，理論の詳細によらずに常に定義することができ，その理論に含まれる自由度の数を表す普遍的な量となる．

場の理論の中で特に長さのスケールが理論に含まれないものを**共形場理論**と呼ぶ．例えば質量は次元をもつ量であり，共形場理論に含まれる粒子はすべて質量がゼロでなくてはならない．例えば，光子は質量がゼロであるので，真空のマックスウェルの電磁気学の理論は共形場理論である．共形場理論は，理論の長さスケールを変化させても，物理法則は不変であるという**スケール対称性**をもつ．この共形場理論のエンタングルメント・エントロピーの計算は，後述するゲージ重力対応との関係で重要となる．以上の内容を3章で解説する．特に3.7節から3.9節はアドバンストな内容を含んでいるので，初めて読む場合は飛ばして次の章へ進んでもよい．

●ブラックホールとホログラフィー原理（4.1, 4.2節）

さて，ここでひとまず量子エンタングルメントの話をわきに置いて，視点を宇宙に向けよう．マクロな宇宙のダイナミクスは，重力が強くなるにつれてニュートンの古典力学が破綻し，アインシュタインの一般相対論がそれにとって代わる．古典力学による重力の記述では，ニュートンの万有引力の法則に従って二つの質量をもつ物体の間に力が働き，ニュートンの運動方程式に従って物体が加速度をもつと考える．一方，一般相対論では，質量をもった物体があると，その周りの時空が曲がり，もう一つの物体はその曲がった時空を運動するので，万有引力を感じているように加速するという見方をする．

アインシュタインの一般相対論から発見された最も興味深い現象はブラックホールであろう．**ブラックホール**は非常に重い天体であり，極めて強い重力のせいで，光を含むすべての物を引き付けて外に出さない．ブラックホールは重い星が自身の重力で潰れるなどして形成され，我々の宇宙にも多数存在することはよく知られている．ブラックホールの外にいる観測者には光ですら届かないので，ブラックホールの内部の様子を知りえない．そのため，ブラックホールができる前の星に含まれていた情報はブラックホールの内部に隠れていると期待され，隠れている情報量を**ブラックホールのエントロピー**と呼ぶ．このブラックホールのエントロピー S_{BH} は，4 次元時空において，一般相対論を用いた考察から，

$$S_{\mathrm{BH}} = \frac{k_B c^3 A}{4 G_N \hbar}, \tag{1.1}$$

という大変シンプルで美しい公式で与えられる．ここで A はブラックホールの面積である．この公式は発見者の名前をとって，**ベッケンシュタイン・ホーキング公式**と呼ばれている．この公式には物理学で最も重要な定数がすべて含まれている．$\hbar (= \frac{h}{2\pi})$，k_B，c，G_N はそれぞれ**プランク定数**（を 2π で割ったもの），**ボルツマン定数**，**光速**，**重力定数**（**ニュートン定数**）であり，それぞれ，「量子力学」「統計力学」「電磁気学」「一般相対論」における基本的な定数である．ただし本書では，素粒子論の慣習に従い，表記を簡単化するために $\hbar = k_B = c = 1$ とおくので注意されたい．

さらにブラックホールは温度やエネルギーをもつことが知られ，熱力学の法則に従うことも 50 年近く昔から知られてきた．このようにマクロに見るとブラックホールはあたかも熱力学に従う物質のように見えるのである．しかし，

物質の熱力学的なエントロピーは面積ではなく体積に比例することは常識である．では，ブラックホールのエントロピーはなぜ面積に比例するのであろうか．これを理解するには，ブラックホールのエントロピーのミクロな起源を明らかにする必要がある．しかし，このためには，公式 (1.1) に現れる物理学の基本定数が物語るように，「量子力学」「統計力学」「電磁気学」「一般相対論」を統一した理論体系を構築する必要があると思われる．これは，重力のミクロな理論，すなわち量子重力理論の構築という物理学最大の難問にチャレンジする必要があることを意味する．

この重要な問題に対して歴史的には二通りのアプローチがなされた．一つは量子エンタングルメントを用いる方法である．ブラックホールの内部に外部の観測者がアクセスできないという状況は，量子エンタングルメントの前述の例において観測者が，A のみにアクセスでき，B にはできない状況と類似している．そこで，ブラックホールのエントロピーは，ブラックホール内部と外部の間のエンタングルメント・エントロピーとしてミクロに解釈できるのではないか，という予想が出された．場の理論のエンタングルメント・エントロピーは面積に比例している点も，ブラックホールのエントロピーの面積則 (1.1) とマッチしそうである．しかしながら，このアプローチは，場の理論のエンタングルメント・エントロピーは場の数に比例し，また紫外発散（高エネルギーの発散）を含んでいることと，ブラックホールのエントロピーが有限で普遍的であることが矛盾しており，残念ながら成功しなかった．少し付け足すと，すぐ後に述べるように，ゲージ重力対応という新しい考え方を取り入れることで，少し違った意味で，重力のエントロピーをエンタングルメント・エントロピーと解釈することが可能となるのである．

もう一つのアプローチは，**ホログラフィー原理**である．これは，ブラックホールのエントロピーが面積に比例していることを逆手にとって，これを重力理論の原理と捉えたものである．つまり，重力理論の自由度は実は1次元低い物質の自由度と等価と考えるのである．そうすれば後者の物質の立場では，エントロピーは体積に比例するのである．さらに想像を逞しくすると，「ある時空における重力理論は，その境界における量子多体系の理論と等価である」というホログラフィー原理の予想が得られる．以上のようなブラックホールからホログラフィー原理までの流れを 4.1 節から 4.2 節で解説している．

●ゲージ重力対応と量子エンタングルメント（4.3 節から 5 章）

前述のホログラフィー原理は非常に抽象的で，そもそも量子多体系としてどのような理論を考えればよいのか明確ではない．しかし，**超弦理論**の進展のおかげで，**ゲージ重力対応**と呼ばれるホログラフィー原理の明確な具体例がマルダセナによって 1997 年に得られた．

万物の最小構成要素を**素粒子**と呼び，電子やクォークがその例であるが，超弦理論では，万物の最小構成要素は**ひも（弦）**であると考える．この弦はとても小さく，現在の素粒子実験程度のエネルギーが十分小さいスケールでは，弦の振動は無視でき，素粒子として近似的に扱うことができる．しかし，量子重力理論のように高いエネルギースケールを考慮する必要がある場合には，超弦理論特有の効果が重要となり，そのおかげで完全な量子重力理論となると期待されている．

弦には 2 種類あり，一つが輪ゴムのようにつながった弦で**閉弦**と呼ぶ．一方，両端が切れた弦を考えることができ，**開弦**と呼ぶ．閉弦は左回りと右回りの双方向に振動が伝播できるので，スピン 2 の粒子，すなわち**重力子**を含む．したがって閉弦の理論は重力の理論である．一方，開弦では両端に電荷を付与することができ，電磁気の理論やその一般化である**ゲージ理論**を表す．しかし，閉弦と開弦はもともと同じ素材の弦からできている．例えば，閉弦が時間発展すると図 1.1 のように円筒の軌跡を生み出す．しかし，それを 90 度回転してみると，開弦が一周する運動と解釈することもできる．このように閉弦と開弦は同じ物理現象を違う視点で見ているだけであり，このことから重力の理論とゲー

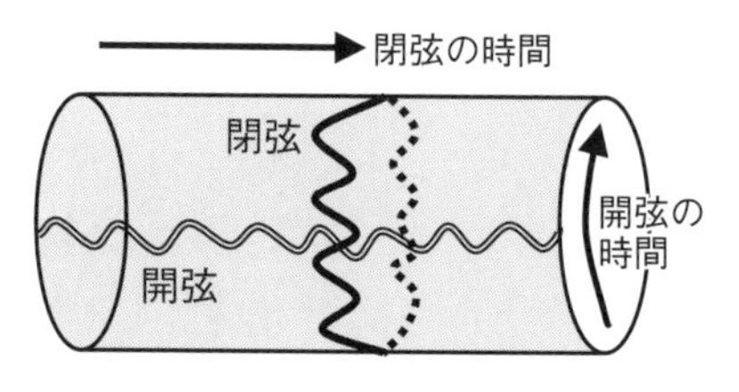

図 1.1　円筒の弦の軌跡．閉弦が太波線，開弦が二重波線で描かれている．

ジ理論は実は同じものであることが示唆される．以下で説明するゲージ重力対応もこの等価性の例と思うこともできる．

長い閉弦が毛糸玉のように集まって塊になったものから一本引っ張り外まで伸ばすと，あたかも球状の物体に開弦が付着しているように見える．このように開弦が付着する物体を **D ブレイン**と呼ぶ（図 1.2 を参照されたい）．このような物体は，閉弦の塊と思うことができるので非常に重く，それが多数集まるとブラックホールや，その高次元化であるブラックブレインの時空を構成することができる．

このブラックブレインは重力理論の曲がった時空を表す解であり，特に性質の良いものを考えると，**反ドジッター時空**と呼ばれる時空に一致する．一方で，もともと D ブレインから構成されたが，この D ブレインには開弦が付着し，そのダイナミクスはゲージ理論として記述される．したがって，「反ドジッター時空の重力理論は，（1 次元低い）その境界上で定義されるゲージ理論と等価である」というゲージ重力対応が予想されるのである．このときに現れるゲージ理論は，特に長さスケールによらない共形場理論になっていることもわかる．そのため反ドジッター／共形場理論の対応（英語で Anti-de Sitter space/Conformal Field Theory 対応，略して AdS/CFT 対応）とも呼ばれる（図 1.3 の概念図を参照されたい）．

ここで話を量子エンタングルメントに戻そう．ゲージ重力対応において，ゲージ理論のエンタングルメント・エントロピーを重力理論で計算することを考えると，実はブラックホールのエントロピーの公式 (1.1) の面積 A を反ドジッター

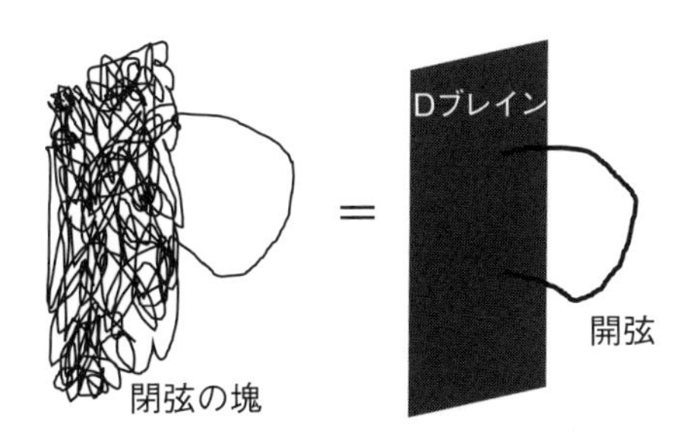

図 1.2　閉弦の塊としての D ブレイン（左）と，開弦の付着する曲面として D ブレイン（右）．

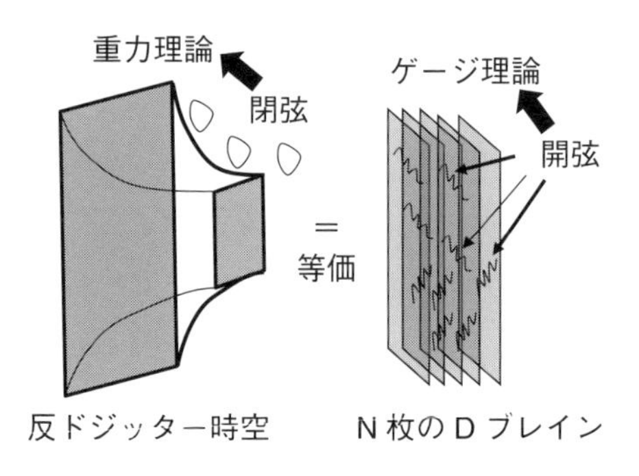

図 1.3　ゲージ重力対応（AdS/CFT 対応）の概念図.

時空における面積が最小になる曲面（極小曲面）の面積に置き換えた公式で与えられることがわかる．これは，著者らが 2006 年に発見したもので，**笠–高柳公式**と呼ばれている．ブラックホールのエントロピーのミクロな起源の研究の歴史において，ブラックホールのエントロピーをエンタングルメント・エントロピーと解釈しようという試みがあったことを前に述べた．この試みは，そのままでは成功しなかったが，ゲージ重力対応を経由すると，重力理論のエントロピーを 1 次元低いゲージ理論（共形場理論）のエンタングルメント・エントロピーと解釈できることがわかったのである．

ゲージ重力対応を用いて共形場理論の様々な量を計算することができるが，エンタングルメント・エントロピーはその中でも最も重要な量といえる．その理由は，重力理論において最も重要な要素である時空の計量は，曲面の面積を通じて，共形場理論のエンタングルメント・エントロピーに直結するからである．つまり，重力理論において時空の幾何構造は，共形場理論の量子状態における量子エンタングルメント幾何構造に対応するのである．この意味で，「重力理論の宇宙は，量子エンタングルメントから創発する」という予想が得られるのである．例えば，一般相対論（一般相対性理論）の基礎方程式であるアインシュタイン方程式を小さな摂動に対して考えると，ゲージ重力対応を通じて，エンタングルメント・エントロピーがもつ熱力学的第一法則に類似した法則と等価になることがわかるのである．以上の内容を本書の 4.3 節から 4.8 節で説明する．また 2013 年までのこの分野の研究に関しては巻末の参考図書 [1] も参照されたい．英語の本格的教科書（研究者向け）としては，参考図書 [3] を参照していただきたい．

ゲージ重力対応における量子エンタングルメントの視点はさらに発展を生み出し，「共形場理論のある領域に含まれる情報が，反ドジッター時空においてどの部分の情報に対応するのか」というゲージ重力対応において基本的な疑問に対して明確な回答を与える．これが**エンタングルメント・ウェッジ**である．またこの考え方は，エンタングルメント・エントロピーとは別の量子情報理論的な量（**純粋化エンタングルメント**と呼ばれる量）のゲージ重力対応を用いた幾何学的な公式を導く．さらに，**量子誤り訂正符号**と呼ばれる量子計算において重要な手法がゲージ重力対応のメカニズムの背後にあるという予想につながる．

さらに，このようなゲージ重力対応の新しい見方は**ブラックホール情報パラドクス**を解決するアイデアを与える．古典的にはどんなものでも吸い込んでしまうブラックホールは，量子的に見ると実は熱輻射を出すことがよく知られており，**ホーキング輻射**と呼ばれる．この輻射によって，ブラックホールはだんだんしぼんで行って，最後には消えると考えられ，**ブラックホールの蒸発**と呼ばれる．では，もともとブラックホールの内部に隠れていた情報も消えてしまうのだろうか．そうだとすると，時間発展によって確率は保存するという量子力学の**ユニタリー性**に反してしまい，現代物理学の基礎が揺らいでしまう．これがパラドクスである．しかしゲージ重力対応を用いると重力のダイナミクスは，量子多体系のダイナミクスと等価になるので，情報の損失は起こらないはずである．実際に，ブラックホールの蒸発では，熱輻射が進むにつれて，ブラックホールの内部を外部の観測者が「見る」ことができるようになり，情報が損失しないことが笠–高柳公式やエンタングルメント・ウェッジの解析でわかるのである．5 章の終わりまでかけて以上の内容を説明する．特に 5.3 節と 5.6 節はアドバンストな内容を含んでいるので，初めて読む場合は飛ばして次の章へ進んでもよい．

●量子情報からの宇宙の創発（6, 7 章）

先ほど触れたように，ゲージ重力対応におけるエンタングルメント・エントロピー公式の考察から，重力理論の時空が量子エンタングルメントから創発するという新しい考え方が生まれる．言い換えると，マクロな宇宙はミクロな情報である量子ビットの集合体とみなせるということである．これが本当であれば，物質を細かく分けたときの最小単位が素粒子であるのと同様に，宇宙の最小構成要素が量子ビットということになる．この新しい視点は最近の超弦理論やその境界領域の研究において，多くの研究者が関心を持つホットな研究テーマとなっており，多くの進展が日々なされている．

このような問題を考える際に，具体的なイメージを与えてくれる良い模型があり，**テンソルネットワーク**と呼ばれる．これは，量子多体系の複雑な波動関数を幾何学的にネットワークで表現する手法で，もともと量子多体系の基底状態を求める数値計算の手法として開発された．このネットワークは，量子エンタングルメントの集合体を表しており，全体としてマクロな空間を表す．共形場理論に相当する量子臨界点の量子多体系を考えると，適切なテンソルネットワークの表す空間が双曲面（負の定曲率をもつ空間）となることが知られている．双曲面は反ドジッター時空の時刻一定面としても現れる．これはちょうど，共形場理論から反ドジッター時空が創発するゲージ重力対応と類似しており，このテンソルネットワークがゲージ重力対応の基礎原理を説明する鍵となることが予想された．

テンソルネットワークは，離散的な量子多体系を対象としており，共形場理論のような連続的な場の理論をそのまま扱うことはできない．そこで，場の理論の経路積分を離散化するとテンソルネットワークとみなせるという考え方で，場の理論の量子状態をテンソルネットワークとして表現することができる．これが著者らが開発した，**経路積分の効率化**という方法である．この方法では経路積分を離散化してテンソルネットワークとみなし，その中で最も数値計算の効率が良くなる離散化を選び出す．その結果として双曲面に相当するネットワークがやはり最も効率がよい離散化であることがわかり，ゲージ重力対応の基礎原理を示唆する．

このように，量子多体系や場の理論の量子状態をテンソルネットワークや経路積分の離散化を用いて表す場合に，数値計算の効率がよいものを選ぶ操作は実用上でも重要であるが，ゲージ重力対応の基礎原理を理解する上でも鍵となる．量子系の数値計算は，量子計算機の演算と思えるので，その数値計算の効率は，**量子計算の複雑性**とみなすことができる．問題が与えられたときにその量子計算の複雑性は，量子情報理論の分野で重要な研究テーマである．与えられた量子状態を構成する際の量子計算の複雑性は，ゲージ重力対応の時刻一定面の体積で与えられるという予想も提案されており，ゲージ重力対応と量子計算の理論の深い関わり合いが明らかになりつつある．以上のような内容を 6 章で解説し，今後の展望を 7 章で述べる．

第2章 量子エンタングルメント

この章では，量子力学の復習から始めて，量子エンタングルメントの概念とそれを定量化するエンタングルメント・エントロピーやその意義について解説したい．

2.1 量子力学の復習

古典力学において点粒子の状態は，その粒子の位置座標 x と速度 $\frac{dx}{dt}$ を指定することで記述される．点粒子の状態の時間発展，すなわち点粒子の運動は**ニュートンの運動方程式**に従って決まる．ニュートンの運動方程式は，位置座標に関する微分方程式

$$m\frac{d^2x}{dt^2} = -\frac{dV(x)}{dx}, \tag{2.1}$$

で与えられる．ここで m は粒子の質量であり，$V(x)$ はポテンシャルエネルギーである．

ミクロな世界の物理法則である**量子力学**においては，粒子は波としての性質も有し，複数の異なる点 $x = x_1, x_2, \ldots$ に同時に存在するという状態も可能となる．このような点粒子の状態を記述するのが複素値をとる**波動関数** $\psi(x)$ であり，その時間発展 $\psi(t, x)$ は量子力学の運動方程式である**シュレディンガー方程式**で与えられる．波動関数の絶対値の 2 乗 $|\psi(x)|^2$ は粒子が x に存在する確率に比例する．

量子力学において空間座標 x と運動量 p は正準交換関係

$$[x, p] = i\hbar, \tag{2.2}$$

を満たすために同時に演算子を対角化することができない．つまり同時に x と p を観測することはできない．ここで $\hbar$ はプランク定数 h を 2π で割った量（ディラック定数とも呼ばれる）である．運動量は $p = -i\hbar\frac{\partial}{\partial x}$ と微分演算子で表すことができる．

シュレディンガー方程式は波動関数に関する微分方程式で与えられる：

$$i\hbar\frac{\partial\psi(t,x)}{\partial t} = H\psi(t,x). \tag{2.3}$$

H はエネルギーを表す演算子であるハミルトニアン演算子であり

$$H = -\frac{\hbar^2}{2m}\frac{\partial^2}{\partial x^2} + V(x), \tag{2.4}$$

である．これは古典力学のハミルトニアン $H = \frac{p^2}{2m} + V(x)$ において運動量 p を演算子に置き換えたものである．本書では表記を簡単にするために，以下，$\hbar = 1$ とおく．

また，多数の粒子からなる量子系の場合は波動関数がそれぞれの粒子の位置の関数となるが，量子力学における扱いは同様である．

波動関数の空間は，ヒルベルト空間 $\mathcal{H}$ と呼ばれる無限次元のベクトル空間とみなせる．その意味で，波動関数で表される量子状態を $|\psi\rangle \in \mathcal{H}$ と書き，状態ベクトルと呼ぶ．状態ベクトルを定数倍することは波動関数を定数倍することと同じであり，量子状態自体を変えない．そこで，通常は状態ベクトルのノルムを 1 に正規化する $\langle\psi|\psi\rangle = 1$.

量子力学の最大の特徴は，状態の重ね合わせができることであり，これは粒子が波としての性質も有することから従う．例えば $|\psi_1\rangle$ という状態と $|\psi_2\rangle$ という状態の重ね合わせは

$$|\psi\rangle = c_1|\psi_1\rangle + c_2|\psi_2\rangle, \tag{2.5}$$

と表すことができる．特に $|\psi_1\rangle$ と $|\psi_2\rangle$ が直交すると仮定しよう．つまり $\langle\psi_1|\psi_2\rangle = 0$ とする．このとき，c_1 と c_2 は正規化条件 $|c_1|^2 + |c_2|^2 = 1$ を満たす任意の複素数である．波動関数の立場で見ると関数の線形結合 $\psi(x) = c_1\psi_1(x) + c_2\psi_2(x)$ に相当する．このように一つの波動関数 $\psi(x)$ で記述される

状態を**純粋状態**と呼ぶ．当然，純粋状態の波動関数の重ね合わせも純粋状態である．

さて，波動関数を知っているということは，量子状態が完全にわかったことを意味する．しかしながら現実的にはそのようなミクロな情報をすべて手に入れることが難しいこともしばしば起こる．にもかかわらず，候補となる複数の純粋状態の確率分布を知っている場合もある．そのような確率分布を**密度行列** ρ を用いて表す．密度行列は，非負のエルミート演算子であり，トレースが 1 と正規化されている．密度行列で表される状態は，**混合状態**と呼ばれる．例えば，温度 $T = 1/\beta$ の熱的状態では**カノニカル分布**：

$$\rho = \frac{e^{-\beta H}}{Z}, \tag{2.6}$$

に従う．ここで，

$$Z = \mathrm{Tr}\, e^{-\beta H}, \tag{2.7}$$

は**分配関数**と呼ばれ，$\mathrm{Tr}\,[\rho] = 1$ と正規化されている．

また，純粋状態 $|\psi_1\rangle$ の密度行列は，$\rho = |\psi_1\rangle\langle\psi_1|$ である．さらに，$|\psi_1\rangle$ と $|\psi_2\rangle$ が確率 p_1 と $p_2 = 1 - p_1$ で出現する混合状態は

$$\rho = p_1|\psi_1\rangle\langle\psi_1| + p_2|\psi_2\rangle\langle\psi_2|, \tag{2.8}$$

と表される．ここで，状態ベクトルの線形結合 (2.5) と密度行列の線形結合 (2.8) を区別するように注意しよう．後者は確率分布の線形結合であり，古典論でも考えることができるが，前者は量子力学特有である．前者は状態が一意に決まっているが，後者は曖昧さがある点に注意しよう．

量子力学において，物理量はエルミート演算子で表され，それを O と書くことにする．例えばエネルギーはハミルトニアン H の期待値で与えられる．一般の混合状態 ρ に対して，物理量の期待値は $\langle O\rangle = \mathrm{Tr}\,[O\rho]$ と計算される．特に純粋状態 $|\psi\rangle$ に関しては $\rho = |\psi\rangle\langle\psi|$ とおくことで，$\langle O\rangle = \mathrm{Tr}\,[O\rho] = \langle\psi|O|\psi\rangle$ と計算される．

量子力学特有の自由度として**スピン**と呼ばれる粒子の自転の自由度があり，

本書でもたびたび登場するので簡単に復習しておこう．大きさ S のスピンの量子状態は $2S+1$ 個の状態 $|0\rangle, |1\rangle, \ldots, |2S\rangle$ の重ね合わせで表される．電子などのフェルミオンの素粒子は大きさ $S=1/2$ のスピンを有し，二つの状態 $|0\rangle$ と $|1\rangle$ は，自転軸が z 軸に沿ってそれぞれ上向き，下向きの状態とみなせ，以下のように正規直交基底となっている：

$$\langle 0|0\rangle = \langle 1|1\rangle = 1, \quad \langle 0|1\rangle = \langle 1|0\rangle = 0. \tag{2.9}$$

一般の純粋状態はそれらの線形結合 $|\psi\rangle = c_0|0\rangle + c_1|1\rangle$ と表され，この状態のノルムを 1 にとるので，$|c_0|^2 + |c_1|^2 = 1$ を満たす．この状態をベクトル表記では

$$|\psi\rangle = \begin{pmatrix} c_0 \\ c_1 \end{pmatrix}, \tag{2.10}$$

と表す．このスピン 1/2 状態がもつ情報，すなわち係数 (c_0, c_1) の情報を，**1 量子ビット**（英語で 1 qubit）と呼ぶ．

この状態に対して z 軸方向のスピンを測定すると上向き，下向きが観測される確率はそれぞれ $|c_0|^2$，$|c_1|^2$ である．このような測定を**射影測定**と呼ぶ．自転軸（スピンの成分）を 3 次元ベクトル (S_x, S_y, S_z) で表すと，それらはベクトル (2.10) に作用する次の行列（パウリ行列）

$$\sigma_x = \begin{pmatrix} 0 & 1 \\ 1 & 0 \end{pmatrix}, \quad \sigma_y = \begin{pmatrix} 0 & -i \\ i & 0 \end{pmatrix}, \quad \sigma_z = \begin{pmatrix} 1 & 0 \\ 0 & -1 \end{pmatrix}, \tag{2.11}$$

を用いて，$(S_x, S_y, S_z) = (\frac{1}{2}\sigma_x, \frac{1}{2}\sigma_y, \frac{1}{2}\sigma_z)$ と表される．これらをスピン演算子と呼び，$S_x^2 = S_y^2 = S_z^2 = \frac{1}{4}$ を満たし，角運動量の交換関係 $[S_x, S_y] = iS_z$ に従う．

2.2　量子エンタングルメントとは

古典力学と量子力学で大きく異なる点は，後者では状態ベクトルの重ね合わ

せを行うことができる点である．この違いは，自由度が二つ以上ある系（多体系）において顕著になり，**量子エンタングルメント**と呼ばれる現象が起こる．

一番簡単な例として二つの電子スピン A, B からなる系（2 量子ビット系と呼ばれる）を考えよう．この系の状態ベクトルは一般に

$$|0\rangle_A|0\rangle_B,\ |0\rangle_A|1\rangle_B,\ |1\rangle_A|0\rangle_B,\ |1\rangle_A|1\rangle_B, \tag{2.12}$$

という四つの状態の線形結合で与えられる．特に

$$|\psi\rangle_{AB} = c|0\rangle_A|0\rangle_B + \sqrt{1-c^2}|1\rangle_A|1\rangle_B,\ \ (0 \leq c \leq 1), \tag{2.13}$$

と表される状態を考えよう．このように状態ベクトルに添え字を付けて，考えている系を明記することにする．特に $c = 0$ ないし $c = 1$ の場合は，$|\psi\rangle$ は，$|0\rangle_A|0\rangle_B$ や $|1\rangle_A|1\rangle_B$ といった直積状態に等しくなる．このとき，A のスピンと B のスピンはそれぞれ独立に決まっており，両者に相関は存在しない．このような場合は量子エンタングルメントをもたないという．一方，$c = 1/\sqrt{2}$ とすると状態は，

$$|\mathrm{Bell}_1\rangle = \frac{1}{\sqrt{2}}(|0\rangle_A|0\rangle_B + |1\rangle_A|1\rangle_B), \tag{2.14}$$

となり，A ないし B のスピンが上向きである確率と下向きである確率は，同じ 1/2 であるが，A のスピンと B のスピンは常に同じであるという強い相関がある．言い換えると，もし観測者が A のスピンを測定して，上向きであれば，即座に B のスピンも上向きであることがわかるのである．この相関を量子エンタングルメントと呼ぶ．

実際この状態は最大の量子エンタングルメントをもち，**ベル状態**，ないし **EPR 状態**と呼ばれる．EPR はこの状態について初めて考察を行ったアインシュタイン-ポドルスキー-ローゼンの頭文字である．彼らは A と B のスピンが遠く離れている場合を考え，A のスピンを測定すると瞬時に B のスピンの情報が得られることが，光速を超える伝播速度を禁止する相対論と矛盾するという主張を行った．しかし，後述する量子テレポーテーションの現象のように，この過程において物理的実体の伝播が光速を超えることはなく相対論との矛盾はない．

ベル状態にはあと 3 種あり，以下で与えられる：

$$
\begin{aligned}
|\mathrm{Bell}_2\rangle &= \frac{1}{\sqrt{2}}(|0\rangle_A|0\rangle_B - |1\rangle_A|1\rangle_B), \\
|\mathrm{Bell}_3\rangle &= \frac{1}{\sqrt{2}}(|0\rangle_A|1\rangle_B + |1\rangle_A|0\rangle_B), \\
|\mathrm{Bell}_4\rangle &= \frac{1}{\sqrt{2}}(|0\rangle_A|1\rangle_B - |1\rangle_A|0\rangle_B).
\end{aligned} \tag{2.15}
$$

この 4 種のベル状態は 2 スピン系の正規直交基底をなす．

一般の量子系の場合には，同様の考え方に従って量子エンタングルメントを以下のように定義する．系全体を A と B に分割することは系全体を表すヒルベルト空間 $\mathcal{H}$ を

$$
\mathcal{H} = \mathcal{H}_A \otimes \mathcal{H}_B, \tag{2.16}
$$

と分けることに対応する．このときに，全体系 AB で純粋状態 $|\psi\rangle_{AB}$ を考え，もし状態が直積状態

$$
|\psi\rangle_{AB} = |\psi_1\rangle_A|\psi_2\rangle_B, \tag{2.17}
$$

と書ける場合は量子エンタングルメントが存在しないという．逆に直積状態にどうしても書けない場合は，A と B の間に量子エンタングルメントが存在すると定義する．

2.3　ベルの不等式の破れ

量子エンタングルメントが古典的な相関と異なることを明確に示すのがベルの不等式の破れである．P と P' をスピン A の，Q と Q' をスピン B のある方向のスピン演算子を 2 倍したものとすると，これらの演算子の固有値は常に ± 1 である．そこで $PQ - PQ' + P'Q + P'Q'$ という演算子のとりうる値を考えよう．もしも古典的な確率分布を考えると必ず次の不等式が成り立ち，**ベルの不等式**と呼ばれる：

$$|\langle PQ\rangle - \langle PQ'\rangle + \langle P'Q\rangle + \langle P'Q'\rangle| \leq 2. \tag{2.18}$$

これは，絶対値の内部を $P(Q-Q') + P'(Q+Q')$ と分解して，$Q-Q'=0$ であれば必ず $Q+Q'=2$ であるし，$Q-Q'=2$ であれば必ず $Q+Q'=0$ であることに着目すれば明らかである．

しかし，量子力学ではどうであろうか．特にベル状態 (2.14) を考え，

$$P=\sigma_x,\quad P'=\sigma_z,\quad Q=\frac{1}{\sqrt{2}}(\sigma_x+\sigma_z),\quad Q'=\frac{1}{\sqrt{2}}(\sigma_z-\sigma_x), \tag{2.19}$$

ととることにすると，

$$\begin{aligned}
&\langle \mathrm{Bell}_1|P(Q-Q')+P'(Q+Q')|\mathrm{Bell}_1\rangle \\
&=\frac{1}{2}\Big[\Big\langle 0\Big|\Big(\sqrt{2}\sigma_x\Big)\Big|1\Big\rangle_B+\Big\langle 1\Big|\Big(\sqrt{2}\sigma_x\Big)\Big|0\Big\rangle_B+\Big\langle 0\Big|\Big(\sqrt{2}\sigma_z\Big)\Big|0\Big\rangle_B \\
&\quad -\Big\langle 1\Big|\Big(\sqrt{2}\sigma_z\Big)\Big|1\Big\rangle_B\Big] \\
&=2\sqrt{2},
\end{aligned} \tag{2.20}$$

となり，ベルの不等式 (2.18) を破る．これはベルの不等式を最大に破る場合であることも知られている．このように，古典的な状態では実現できない A と B の二体相関が量子力学で実際に起こるのである．

2.4 混合状態の量子エンタングルメント

より一般的な場合である，混合状態の量子エンタングルメントに目を向けよう．簡単な例として，ベル状態である純粋状態 (2.14) と次の混合状態

$$\rho=\frac{1}{2}(|0\rangle|0\rangle\langle 0|\langle 0|+|1\rangle|1\rangle\langle 1|\langle 1|), \tag{2.21}$$

を比較してみよう．この混合状態 (2.21) も A と B のスピンが同じ方向を向いているという強い相関をもっている．しかし，この状態は単に，「両方上向きの状態と両方下向きの状態が 50% ずつの確率で生じる」という古典論でも普通に考える確率分布を表しているにすぎない．その意味で，古典的な相関とみなす．

したがって (2.21) には量子エンタングルメントはまったく存在しない．

より一般に，混合状態 ρ が**セパラブル**であるということを

$$\rho = \sum_k p_k \rho_A^{(k)} \otimes \rho_B^{(k)}, \tag{2.22}$$

と書けること，として定義する．ここで，$p_k\,(>0)$ は $\sum_k p_k = 1$ を満たし，古典的な確率分布を表す．また $\rho_{A,B}^{(k)}$ は A や B の何らかの密度行列である．

セパラブル状態は，古典的な確率分布の重ね合わせなので量子エンタングルメントをもたないと考える．そこで，混合状態 ρ が量子エンタングルメントをもつことを，ρ がセパラブルではないこと，として定義する．

2.5　エンタングルメント・エントロピー

量子エンタングルメントの有無についての定義を与えたが，量子エンタングルメントがどれだけあるのかを定量化できないだろうか．全体系が純粋状態の場合は簡単に定量化することができる．これが**エンタングルメント・エントロピー** (entanglement entropy) である．

この量を定義するために，まず**縮約した密度行列** ρ_A を定義しよう．系が式 (2.16) のように分かれている状況で，全体の系の密度行列 $\rho_{AB} = |\psi\rangle_{AB}\langle\psi|$ を $\mathcal{H}_B$ について和をとる（トレースアウトするという）ことで ρ_A を定義する：

$$\rho_A = \mathrm{Tr}_B\,[\rho_{AB}]. \tag{2.23}$$

同様に ρ_B も定義できる．この ρ_A に対して**フォン・ノイマン・エントロピー**

$$S_A = -\mathrm{Tr}\,[\rho_A \log \rho_A], \tag{2.24}$$

を考え，これをエンタングルメント・エントロピーと呼ぶ．この量 S_A は A と B の量子エンタングルメントの強さを測る量である．S_A 自体は，全体の系 ρ_{AB} が混合状態でも上記のように定義することができるが，量子エンタングルメントの定量化を与えるのは ρ_{AB} が純粋状態の場合だけである．

例えば，もし ρ_A がカノニカル分布 (2.6) と一致する場合は，そのフォン・ノイマン・エントロピー (2.24) は，熱力学エントロピー S_{th} と次のように一致することを確かめられる：

$$
\begin{aligned}
S_A &= Z^{-1} \cdot \mathrm{Tr}\,[(\log Z + \beta H)e^{-\beta H}] \\
&= \log Z + \beta E = \beta(-F + E) = S_{th}.
\end{aligned} \tag{2.25}
$$

ここで，F と E はそれぞれ自由エネルギーとエネルギーである.

ρ_{AB} が純粋状態の場合は

$$
S_A = S_B, \tag{2.26}
$$

が成り立つ．これは，どんな状態でも次のようにシュミット分解ができる；

$$
|\psi\rangle = \sum_i \sqrt{\lambda_i} |i\rangle_A |i\rangle_B, \tag{2.27}
$$

という事実から直ちに従う．実際に $S_A = S_B = -\sum \lambda_i \log \lambda_i$ である．またこの等式 (2.26) は，S_A が A と B 間の相関を表すならば，自然な関係式であることにも注意されたい.

さて，簡単な例として前に説明した 2 スピン系の状態についてエンタングルメント・エントロピーを計算してみよう．量子状態 (2.13) に対して，縮約した密度行列は

$$
\rho_A = c^2 |0\rangle\langle 0| + (1 - c^2)|1\rangle\langle 1|, \tag{2.28}
$$

となり，エンタングルメント・エントロピーは以下のように求まる：

$$
S_A = S_B = -c^2 \log c^2 - (1 - c^2)\log(1 - c^2). \tag{2.29}
$$

したがって，量子エンタングルメントが存在しない直積状態 $c = 0, 1$ の場合は S_A は確かにゼロとなっている．一方，$|c| = \frac{1}{\sqrt{2}}$ のベル状態 (2.14) では，$S_A = \log 2$ となり，これが最大値であることも確認できる．このとき，A と B は 1 量子ビットの量子エンタングルメントをもつという.

一方，混合状態 (2.21) に対してエンタングルメント・エントロピーを計算すると，この場合も $S_A = \log 2$ となる．しかし，前述のようにこの混合状態には量子エンタングルメントは存在しない．このように混合状態に対してはエンタングルメント・エントロピーを用いて量子エンタングルメントの量を測ることはできないことに注意されたい．

エンタングルメント・エントロピーが満たす最も重要な性質の一つが**強劣加法性**で英語では strong subadditivity と呼ばれる．これは次で与えられる不等式である：

$$S_{AB} + S_{BC} \geq S_B + S_{ABC}. \tag{2.30}$$

直感的には，エンタングルメント・エントロピーが上に凸である関数のように振る舞うことを意味する．ここで，AB は A と B を合わせた部分系を意味する．

強劣加法性の特別な場合として，B を空集合とすると

$$S_A + S_C \geq S_{AC}, \tag{2.31}$$

が得られる．これは劣加法性と呼ばれる．この性質から**相互情報量** $I(A:B)$ と呼ばれる量が非負である；

$$I(A:B) = S_A + S_B - S_{AB} \geq 0, \tag{2.32}$$

という事実が導かれる．この相互情報量は部分系 A と B の間の相関を測る量である．

また，エンタングルメント・エントロピーを拡張した量としてレンニ・エントロピーと呼ばれる量があり，

$$S_A^{(n)} = \frac{1}{1-n} \log \mathrm{Tr}\,[(\rho_A)^n], \tag{2.33}$$

で定義される．特に $n \to 1$ の極限をとるとフォン・ノイマン・エントロピーに帰着することがすぐわかる：$S_A^{(1)} = S_A$．つまり，レンニ・エントロピーはエンタングルメント・エントロピーを 1 パラメータ拡張した量である．

2.6 量子テレポーテーション

量子エンタングルメントが量子力学ならではの性質であることはわかったが，量子エンタングルメントは具体的にどのような物理的現象を引き起こすのであろうか．その最も シンプルで興味深い例が**量子テレポーテーション**である．

スピン A と B が，それぞれ別の遠く離れた実験室に置かれているとする．スピン A がある実験室に，もう一つのスピン X があり，次の状態

$$|\psi\rangle_X = a|0\rangle_X + b|1\rangle_X, \tag{2.34}$$

にあるとする．このスピン X とまったく同じ状態をそっくりそのまま遠く離れた B の実験室に移す（テレポートする）ことを考えたい．このとき，それぞれの実験室内では量子力学的なミクロな操作を行い結果を測定することができるが，離れた実験室の間では電話や電子メールなどで文字や数字の通信しかできないものとする．ここで，前者の操作を局所操作（英語で Local Operation）と呼び，後者の操作を古典通信 (Classical Communication) と呼ぶ．この二つを合わせたものを英語の頭文字をとって LOCC と呼ぶ．

このテレポーテーションが A と B が最大の量子エンタングルメントをもつ，つまりベル状態にある場合に可能であることを説明しよう．まず AB が式 (2.14) の状態にあるとする．このとき，次の恒等式が成り立つことに着目しよう：

$$\begin{aligned}
&|\psi\rangle_X \otimes |\mathrm{Bell}_1\rangle_{AB} \\
&= \frac{1}{2}\Big(|\mathrm{Bell}_1\rangle_{XA} \otimes (a|0\rangle_B + b|1\rangle_B) + |\mathrm{Bell}_2\rangle_{XA} \otimes (a|0\rangle_B - b|1\rangle_B) \\
&+|\mathrm{Bell}_3\rangle_{XA} \otimes (a|1\rangle_B + b|0\rangle_B) + |\mathrm{Bell}_4\rangle_{XA} \otimes (a|1\rangle_B - b|0\rangle_B)\Big).
\end{aligned} \tag{2.35}$$

そこで，A と X が置かれている実験室で射影測定を行う．そのとき四つのベル状態 $|\mathrm{Bell}_1\rangle \sim |\mathrm{Bell}_4\rangle$ のうちどれか一つが観測される．もし，$|\mathrm{Bell}_1\rangle_{XA}$ が観測されれば，B のスピンはちょうど $|\psi\rangle$ になっておりテレポートに成功したことになる．それ以外のベル状態 $|\mathrm{Bell}_2\rangle \sim |\mathrm{Bell}_4\rangle$ が観測された場合は，それぞれ適当なユニタリー変換を作用すれば，任意の a, b に対しもとの X の状態を B

にテレポートできる．このユニタリー変換は a, b に依存しないようにとれることが重要である．ここで，どのユニタリー変換を適用するかはどのベル状態が観測されたかによって決める必要があるので，実験室間でその情報を古典通信で伝達する必要があることに注意していただきたい．

このように LOCC の操作によって，1 量子ビットの量子エンタングルメントがあれば，1 量子ビットの状態をテレポートできる．これが量子テレポーテーションである．

2.7 エンタングルメント・エントロピーの操作的な解釈

エンタングルメント・エントロピーを式 (2.24) のように，熱力学のエントロピーの一般化として天下り的に定義した．本書ではこの定義を用いて以後様々な計算を行う．しかし，量子情報理論では量子エンタングルメントを操作的に捉えることで，(2.24) を自然に得ることができる．この概略について説明しておきたい．

何かを定量化するには，その単位つまり 1 に相当する場合を特定することから始める．これまでの議論からも明らかであると思うが，量子エンタングルメントの単位は，ベル状態にとる．さて A と B の部分系から構成される量子系を考えよう．密度行列 ρ_{AB} で状態が指定される．一般にそのような状態はとても複雑にエンタングルしているが，そこからベル状態を最大 N 個分取り出すことができれば，量子エンタングルメントも N 単位存在すると考えるのは自然である．しかしここで注意しなければならないのは，逆に N 個のベル状態からもとの量子状態を再現できることが示せて初めて，その量子状態が N 個のベル状態と等価であるといえることである．

前の量子テレポーテーションの話を思い出して，実験室で実行可能な操作は LOCC で与えられると考えるのが自然である．つまり A ないし B においてはそれぞれ独立に量子操作を行うことができる（局所操作）が，A と B の間では古典通信のみ行えるとする．この LOCC で状態 ρ_{AB} からベル状態を取り出すこと（エンタングルメントの抽出）を考える（図 2.1 を参照されたい）．

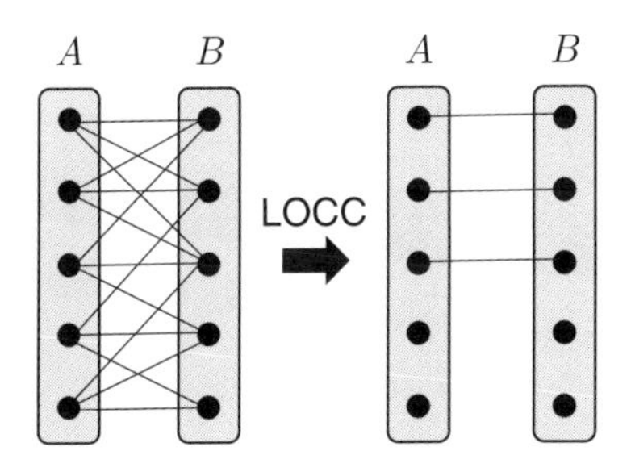

図 2.1 エンタングルメント抽出の概念図．より正確には，M 個のコピーをとって考える．

しかし，ベル状態の個数は整数値をとるので離散的な値をとる量になってしまうが，本当は状態に応じて連続値をとる量が望ましい．そこで，最初に ρ_{AB} という状態を M 個コピーした状態を考える．その状態から，最大 N 個のベル状態を取り出すことができたとする：

$$\mathrm{LOCC}: (\rho_{AB})^M \to (|\mathrm{Bell}\rangle)^N. \tag{2.36}$$

ここでベル状態は 4 種類あったが，どれも局所的なユニタリー変換で移り合うので LOCC を考える場合にそれらを区別する必要はない．さて，このときに次の比

$$E_D(\rho_{AB}) = \lim_{M\to\infty} \frac{N}{M} \tag{2.37}$$

を**エンタングルメント抽出**と呼び E_D と書く．これは状態 ρ_{AB} から平均何個のベル状態を抽出できるかを表す．この抽出過程の詳細は，すぐ後の 2.8 節を参照.

次に逆の過程を考えよう．つまり，状態 ρ_{AB} の M' 個のコピーを LOCC で生成する（**エンタングルメントの希釈**という）際に必要最小限のベル状態が N' 個であるとしよう：

$$\mathrm{LOCC}: (|\mathrm{Bell}\rangle)^{N'} \to (\rho_{AB})^{M'}. \tag{2.38}$$

このときに次の比

$$E_C(\rho_{AB}) = \lim_{M'\to\infty} \frac{N'}{M'}, \tag{2.39}$$

を**エンタングルメントコスト**と呼び E_C と書く．一般に LOCC はエンタングルメントを増やすことはないので

$$E_D(\rho_{AB}) \le E_C(\rho_{AB}), \tag{2.40}$$

が成り立つ．

特に，ρ_{AB} が純粋状態である場合を考えよう．このときには驚くことに，$E_D = E_C$ と両者が一致することが示せる．つまり LOCC はコピーを無限個とる極限で可逆になるのである．さらにこの量は

$$E_C(|\psi\rangle_{AB}) = E_D(|\psi\rangle_{AB}) = (\log_2 e)\cdot S_A, \tag{2.41}$$

とエンタングルメント・エントロピーと一致することが示せる．ここで $\log_2 e$ の因子が現れるのは，フォン・ノイマン・エントロピーの対数は自然対数 e を底とするが，スピン系では 1 ビットが単位エントロピーになるように対数の底を 2 にとるからである．

以上のように純粋状態のもつ量子エンタングルメントは，エンタングルメント・エントロピーを用いて測ることができ，その状態と LOCC で等価なベル状態の数とみなすことができる．しかし ρ_{AB} が混合状態の場合は一般に $E_D < E_C$ となり，LOCC による抽出 (2.36) と生成 (2.38) が一致せず，不可逆となる．その意味で，エンタングルメントを測る量（エンタングルメント測度）を特定するのが難しい．エンタングルメント測度が最低限満たすべき性質として LOCC で増加しないという条件や，セパラブル状態でゼロになるという条件が考えられるが，そのような測度も何種類も存在することが知られている．

本書では混合状態の量子エンタングルメントの定量化の問題はこれ以上立ち入らない．もっぱら混合状態に対してもエンタングルメント・エントロピーを解析に利用する．実際，混合状態に対しては量子エンタングルメントの度合いとしての解釈は失うが，後で見るように重力理論を考えたときに非常に相性がよく，とても役に立つ量となる．

2.8 エンタングルメント抽出

本章の最後としてLOCCのイメージをつかむために，純粋状態 $|\psi\rangle$ からのエンタングルメントの抽出の過程について具体的に説明したい．まず，2量子ビット状態 (2.13) が M 個ある状態を考えよう：

$$|\psi\rangle^{\otimes M} = (c|00\rangle_{AB} + s|11\rangle_{AB})^{\otimes M}. \tag{2.42}$$

ここで，$s = \sqrt{1-c^2}$ と定義した．この状態を和の形に展開すると

$$|\psi\rangle^{\otimes M} = \sum_{k=0}^{M} c^{M-k} s^k \sum_{i=1}^{{}_M C_k} |P_i^{(k)}\rangle_A |P_i^{(k)}\rangle_B, \tag{2.43}$$

と書ける．${}_M C_k$ は二項係数 $\frac{M!}{k!(M-k)!}$ である．このとき，状態 $|P_i^{(k)}\rangle$ $(i = 1, 2, \ldots, {}_M C_k)$ は M 量子ビットで，0 を $M-k$ 個，1 を k 個含む状態を列挙したもので，例えば

$$\begin{aligned}
&|P_1^{(0)}\rangle = |00\ldots0\rangle, \\
&|P_1^{(1)}\rangle = |10\ldots0\rangle, \quad |P_2^{(1)}\rangle = |01\ldots0\rangle, \quad \ldots, \quad |P_M^{(1)}\rangle = |00\ldots1\rangle,
\end{aligned} \tag{2.44}$$

などである．$|P_i^{(0)}\rangle$ から $|P_i^{(M)}\rangle$ まで合計 2^M 個の状態があり，2進法の M 桁の数と同じである．

さて，A の方の局所操作として，

$$\pi_k = \sum_{i=1}^{{}_M C_k} |P_i^{(k)}\rangle_A \langle P_i^{(k)}|, \tag{2.45}$$

という射影測定によって，${}_M C_k$ 個の状態が最大にエンタングルした状態

$$\frac{1}{\sqrt{{}_M C_k}} \sum_{i=1}^{{}_M C_k} |P_i^{(k)}\rangle_A |P_i^{(k)}\rangle_B, \tag{2.46}$$

を得ることができる．この状態からは，平均 $\log_2({}_M C_k)$ 個のベル状態を取り出

すことができることは明らかであろう．$1 = \sum_{k=0}^{M} \pi_k$ であり，射影測定で一つの k の値が選ばれる．このときに，k の値に応じて，A と B 双方の基底の変換が必要で，そのために k の値の測定値を古典通信で A から B に送る必要がある．

この射影測定で，k の値が選ばれる確率は，式 (2.43) から，${}_MC_k \cdot c^{2(M-k)} s^{2k}$ である．したがって，抽出できるベル状態の数をこの確率で平均化して評価すると

$$\bar{N} = \sum_{k=0}^{M} {}_MC_k \cdot c^{2(M-k)} s^{2k} \log_2({}_MC_k), \tag{2.47}$$

となる．これを M が大きい極限で，和を積分に置き換え，Stirling の近似公式 $n! \sim n^n e^{-n}$ $(n \to \infty)$ を用いると

$$\sim \frac{c^{2M}}{\log 2} \int_0^M dk \, (M \log M - (M-k) \log(M-k) - k \log k) e^{F(k)}, \tag{2.48}$$

となるが，ここで $F(k)$ は

$$F(k) = M \log M - (M-k) \log(M-k) - k \log k + 2k \log \frac{s}{c}, \tag{2.49}$$

である．M が大きいときに主要な寄与は鞍点法を用いて，$\frac{dF(k)}{dk} = 0$ を満たす点 $k_* = Ms^2$ の値で近似できる．したがって，抽出できるベル状態の数の平均値 $\bar{N}$ は

$$\begin{aligned} \log 2 \cdot \bar{N} &= M \log M - (M-k_*) \log(M-k_*) - k_* \log k_* \\ &= M \cdot S_A, \end{aligned} \tag{2.50}$$

となる．ここで，$S_A = -c^2 \log c^2 - s^2 \log s^2$ であるが，式 (2.29) と一致する．このようにして，確かに，状態 $|\psi\rangle$ 一つ当たりから抽出できるベル状態の数 $\frac{\bar{N}}{M}$ は，A と B のエンタングルメント・エントロピー $S_A = S_B$ に $\log_2 e = 1/\log 2$ を掛けた値と等しいことが確かめられた．

前節で触れたように，逆に N 個のベル状態から，M 個の状態 $|\psi\rangle^{\otimes M}$ を生成する操作（エンタングルメントの希釈）を考えた場合も，$\frac{N}{M}$ の比は $S_A = S_B$ に $\log_2 e$ を掛けた値で与えられる．この詳細はエンタングルメントの抽出と似

ているが少しだけ複雑なので省くが，基本的な LOCC の操作は次のとおりである．まず，A の中に，局所操作で，$|\psi\rangle^{\otimes M}$ を生成しておく．このときに，A と B の代わりに A の内部を M 個の量子ビット A_1 と M 個の量子ビット A_2 に分けて，両者が，$|\psi\rangle^{\otimes M}$ の状態でエンタングルしているとする．この両者間のエンタングルメント・エントロピーは $M \cdot S_A$ である．次に，A_2 の量子ビットを $M \cdot \log_2 e \cdot S_A$ 個の量子ビットに圧縮する．この圧縮の操作はユニタリー変換で行うことができ，残りの $M - M \cdot \log_2 e \cdot S_A$ 個の量子ビットは，自明な状態であり無視できる．そして，この $M \cdot \log_2 e \cdot S_A$ 個の量子ビットを B に量子テレポーテーションで送る．最後に，この圧縮された量子ビットを，（ユニタリー変換である圧縮の逆操作で）復元を行う．このようにすると A と B がエンタングルした状態として $|\psi\rangle^{\otimes M}$ を生成できるのである．より詳細は巻末の参考図書 [2] を参照されたい．

第3章 場の理論におけるエンタングルメント・エントロピー

本章では，量子多体系のエンタングルメント・エントロピーから始めて本書の主目的の一つである場の理論のエンタングルメント・エントロピーの計算とその性質を説明する．

3.1 量子多体系のエンタングルメント・エントロピー

多数の構成要素からなる量子系を**量子多体系**と呼ぶ．その一例として例えば電子スピンが直線上に等間隔で多数並んでいる状況を考えよう（図 3.1 を参照）．このような系をスピン鎖と呼び，最隣接のスピン間の距離を ϵ と書くことにしよう．その多数のスピンのうち一部を A と呼び，残りを B と呼ぼう．そのとき，系全体のヒルベルト空間は式 (2.16) のように分割されるのは明らかであろう．このときに，全体系の量子状態を ρ_{AB} とすると，式 (2.23) のように縮約密度行列を定義して，エンタングルメント・エントロピーを式 (2.24) と定義す

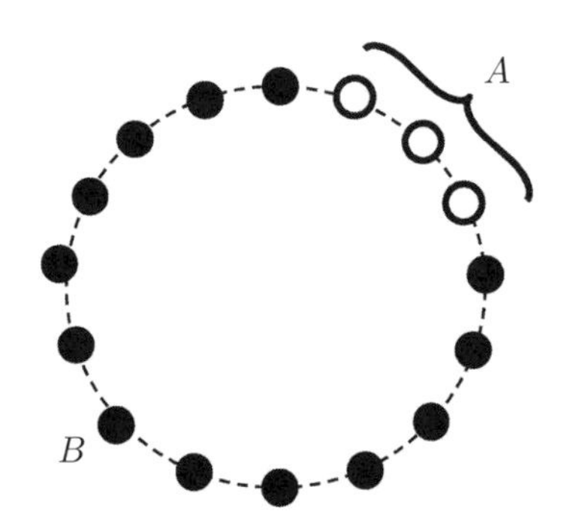

図 3.1　スピン鎖とヒルベルト空間の分割.

ることができる．このようにして量子多体系のエンタングルメント・エントロピーが定義される．

3.2 自由スカラー場の理論

特に $\epsilon \to 0$ としてスピンの間隔をゼロにとる極限を**連続極限**と呼ぶ．適切な量子多体系からスタートして連続極限をとると**場の理論**（場の量子論ともいう）が得られる．場の理論は各座標点において値をとる場のミクロなダイナミクスを記述する理論である．実数値をとる場を実スカラー場と呼び，空間座標 x と時間座標 t に依存するので $\phi(t,x)$ と書く．量子力学では，波動関数は時間 t と空間座標 x の関数 $\psi(t,x)$ であったが，場の理論では波動関数は，時間 t と場の配位 $\phi(x)$ の関数で与えられ，$\Psi[t,\phi(x)]$ と書かれる．関数の関数なので，正確には波動汎関数と呼ばれる．各時刻の波動汎関数がヒルベルト空間の一つのベクトルに相当し，$|\Psi(t)\rangle$ と書くことにする．

さて，粒子間の相互作用がないスカラー場理論（自由スカラー場理論と呼ぶ）が，d 次元の空間に広がる場合を考えよう．この空間の座標を $(x^1, x^2, \ldots, x^d)$ と書こう．1次元の時間座標 $t = x^0$ を加えて，時空は $d+1$ 次元となる．この $d+1$ 次元自由スカラー場理論の作用 S とラグランジアン密度 $\mathcal{L}$ は

$$
\begin{aligned}
S_{\text{スカラー}} &= \int dt dx^d \mathcal{L}, \\
\mathcal{L} &= \frac{1}{2}\left[(\partial_0\phi)^2 - \sum_{i=1}^{d}(\partial_i\phi)^2 - m^2\phi^2\right],
\end{aligned}
\tag{3.1}
$$

で与えられる．ここで $\partial_0 = \frac{\partial}{\partial t}$ や $\partial_i = \frac{\partial}{\partial x^i}$ とした．以下では簡単のために $d=1$ としよう．

この作用から導かれるハミルトニアンは，

$$
H_0 = \frac{1}{2}\int dx \left[\pi^2 + \sum_{i=1}^{d}(\partial_i\phi)^2 + m^2\phi^2\right],
\tag{3.2}
$$

のように書ける．ここで，$\pi(x) = \frac{\partial\mathcal{L}}{\partial(\partial_t\phi)} = \partial_0\phi$ は $\phi(x)$ に対する運動量である．

場の理論を量子化するために，量子力学の正準量子化 (2.2) を用いる．これを場に対して適用すると

$$[\phi(x), \pi(y)] = i\delta(x - y), \tag{3.3}$$

となる．ここで $\delta(x-y)$ は δ 関数である．

さて，この場の理論が円周上で定義されているとして，図 3.1 のように格子状に離散化してみよう．格子点の総数を N 個とする．このために，$\phi_n = \phi(n\epsilon)$ と $\pi_n = \epsilon \cdot \pi(n\epsilon)$ のようにおき，各格子点 $n = 1, 2, \ldots, N$ における自由度を表すものとする．円周上の周期的な境界条件は $\phi_{n+N} = \phi_n$ と $\pi_{n+N} = \pi_n$ で与えられる．このときに正準交換関係 (3.3) は

$$[\phi_n, \pi_{n'}] = i\delta_{n,n'}, \tag{3.4}$$

と書き換えられ，ハミルトニアン $H = \epsilon H_0$ は

$$H = \sum_{n=1}^{N} \frac{1}{2}\pi_n^2 + \sum_{n,n'=1}^{N} \frac{1}{2}\phi_n V_{nn'} \phi_{n'}, \tag{3.5}$$

のように離散化される．$\partial_x \phi(x)$ の離散化は $(\phi_{n+1} - \phi_n)/\epsilon$ で与えられることなどから，ポテンシャル項を表す $N \times N$ エルミート行列 V は次で与えられる：

$$V_{nn'} = N^{-1} \sum_{k=1}^{N} \left[\epsilon^2 m^2 + 2\left(1 - \cos\left(2\pi k/N\right)\right)\right] e^{2\pi i k(n-n')/N}. \tag{3.6}$$

このハミルトニアンは調和振動子が N 個結合している量子多体系を表しており，その基底状態の波動関数 Ψ_0 は，ガウシアンの形をとる：

$$\Psi_0[\phi] = \mathcal{N}_0 \cdot e^{-\frac{1}{2}\sum_{n,n'=1}^{N} \phi_n W_{nn'} \phi'_n}. \tag{3.7}$$

ここで行列 W は $\sqrt{V}$ と等しい，すなわち

$$W_{nn'} = \frac{1}{N} \sum_{k=1}^{N} \sqrt{\epsilon^2 m^2 + 2\left(1 - \cos\left(2\pi k/N\right)\right)} e^{2\pi i k(n-n')/N}, \tag{3.8}$$

と書ける．

3.3 エンタングルメント・エントロピーの計算

さて，前述の N 個の格子点を集合 A と B に分けよう．A の格子点の数を $|A|$ と書くことにする．このときにヒルベルト空間は (2.16) のように分割される．このとき，基底状態の波動関数 Ψ_0 を次のように分割した表記で表すことができる（行列 M の転置行列を M^T と書く）：

$$\Psi_{AB}[\phi_A, \phi_B] = \mathcal{N}_{AB} \cdot \exp\left[-\frac{1}{2}(\phi_A^T \ \phi_B^T)\begin{pmatrix} A & B \\ B^T & C \end{pmatrix}\begin{pmatrix} \phi_A \\ \phi_B \end{pmatrix}\right]. \quad (3.9)$$

ここで実数に値をとる行列 W とその逆行列 W^{-1} を次のように定義した（A, C, D, F はすべて実対称行列である）：

$$W = \begin{pmatrix} A & B \\ B^T & C \end{pmatrix}, \quad W^{-1} = \begin{pmatrix} D & E \\ E^T & F \end{pmatrix}. \quad (3.10)$$

ここで，$W \cdot W^{-1} = \mathbf{1}$ なので以下の関係式が成り立つ：

$$AD + BE^T = B^T E + CF = \mathbf{1}, \quad AE + BF = B^T D + CE^T = \mathbf{0}. \quad (3.11)$$

詳しい導出は本章の最後（3.9 節）に回すが，この波動関数からエンタングルメント・エントロピー $S_A = S_B = -\mathrm{Tr}\,[\rho_A \log \rho_A]$ は次のように計算されることがわかる．以下の行列 Λ；

$$\Lambda = -E \cdot B^T = D \cdot A - \mathbf{1}, \quad (3.12)$$

を対角化し，固有値 $\{\lambda_i\}$ を求めると，エンタングルメント・エントロピーは

$$S_A = S_B = \sum_{i=1}^{|A|} S(\lambda_i), \quad (3.13)$$

と計算される．ここで S は以下の関数である：

$$S(x) = \log\frac{\sqrt{x}}{2} + \sqrt{1+x}\log\left(\frac{1}{\sqrt{x}} + \frac{\sqrt{1+x}}{\sqrt{x}}\right). \quad (3.14)$$

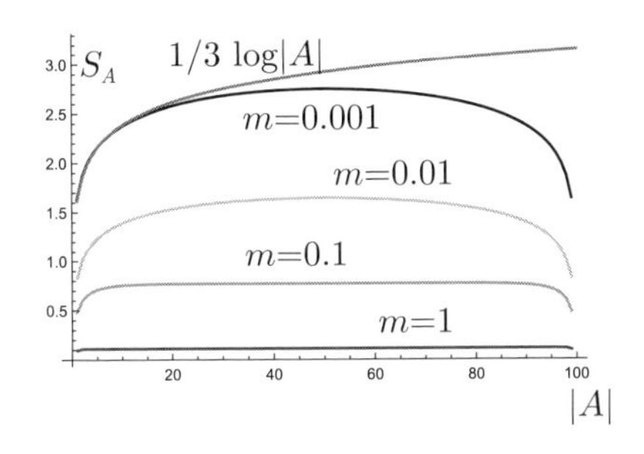

図 3.2　1+1 次元自由スカラー場理論のエンタングルメント・エントロピーの数値計算結果．$N = 100$ として，横軸が A の格子点数 $|A|$ を表す．$m\epsilon = 1, 0.1, 0.01, 0.001$ ととった場合を図示．また一番上のグラフは，$S_A = \frac{1}{3}\log|A|+$ 定数でフィットしたものを表す．

この方法で $1+1$ 次元自由スカラー場理論のエンタングルメント・エントロピーを，部分系 A のサイズ $|A|$ の関数として数値プロットした結果を図 3.2 に示す．まず，グラフが左右対称であることに気が付く．言い換えると，全体の系の大きさを L とおくと，エンタングルメント・エントロピーは，A のサイズ $|A|$ の関数として $S_{\mathrm{EE}}(|A|)$ と書くとき，$S_{\mathrm{EE}}(|A|) = S_{\mathrm{EE}}(L - |A|)$ の対称性を有する．A の補集合である部分系 B のサイズは，$L - |A|$ であるので，これは系全体が純粋状態の場合の $S_A = S_B$ の等式 (2.26) に相当する．

また質量が大きいほどエンタングルメント・エントロピーは小さくなる傾向が読み取れるが，これは質量の増加に伴い，粒子が伝播しにくくなるので 2 点相関が小さくなるという場の理論における基本的な事実から説明される．$\xi = 1/m$ が 2 点相関が存在しうる長さスケール（相関長と呼ばれる）になるが，実際に図 3.2 から $|A|$ が $1/m$ よりも大きいとエンタングルメント・エントロピーが変化しない事実が読み取れる．一方で，質量が $|A|$ のサイズよりずっと小さいと

$$S_A = \frac{1}{3}\log|A| + s_0, \tag{3.15}$$

のように振る舞うことがわかる．ここで s_0 は有限の定数を表す．この A のサイズの対数に比例する振る舞いは，$1+1$ 次元で粒子の質量がゼロとなっている場の理論（2 次元共形場理論）に特有な性質で，3.7 節で詳しく説明する．

3.4 面積則

さて，より一般に $d+1$ 次元の自由場スカラー場理論 (3.1) に目を向けよう．前節と同様にエンタングルメント・エントロピーは，場の理論の部分領域 A を指定することで定義される (図 3.3 を参照されたい)．A のとり方はまったく任意であるが，これまでどおり微小サイズ ϵ の格子に離散化した場合を考えたときに，A に含まれる格子点の数は非常に大きいとする．つまり，場の理論で通常考えるように格子のサイズに比べて領域 A はマクロな大きさと仮定する．このときにエンタングルメント・エントロピーは**面積則**と呼ばれる簡単な規則に従うことがわかる (Bombelli *et.al.* Phys.Rev.D **34** (1986) 373; Srednicki, Phys.Rev.Lett. **71** (1993) 666)．これは一言でいうと，S_A は領域 A の境界 ∂A の面積 $A(\partial A)$ に比例するという内容である．式で書くと，以下のとおりである：

$$S_A = \gamma \cdot \frac{A(\partial A)}{\epsilon^{d-1}} + \cdots . \tag{3.16}$$

右辺の最初の項が面積に比例する面積則に従う寄与であり，連続極限 $\epsilon \to 0$ で発散する．γ は A のとり方には依存しない，場の理論の種類によって定まる有限定数である．これは場の理論には無限の自由度が含まれているからで，エンタングルメント・エントロピーの紫外発散と呼ぶ．右辺に $\ldots$ と省略した項は，より低次の発散項や有限な項を表す．

この面積則が成り立つ理由は直観的に理解することができる．場の理論を離

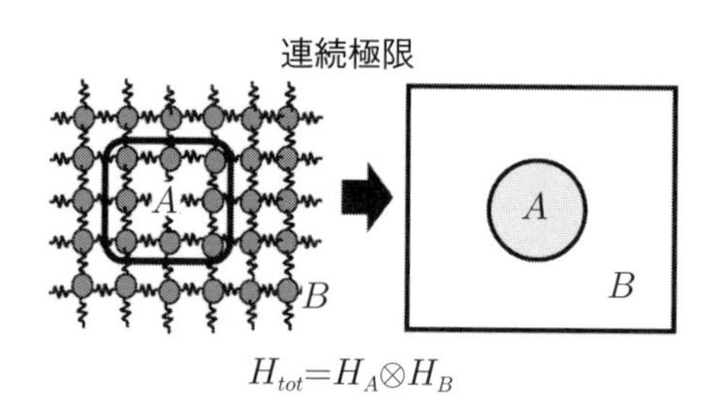

図 3.3　$2+1$ 次元量子多体系の部分系 A の選択 (左図)．連続極限をとると右図のように場の理論における部分系 A の選択となる．

散化し，その基底状態を考えよう．このとき，ある格子点上の自由度と別の格子点上の自由度の間の量子エンタングルメントの強さは，格子点が隣接している場合が最も強いことは明らかであろう．もっと定量的には 2 点間のスカラー場の相関関数を考えればよく，それは 2 点間の距離が小さいほど大きくなる．その意味で，領域 A とその補集合 B の間の量子エンタングルメントは，主に隣接する格子点間の量子エンタングルメントの寄与から生じる．したがって，量子エンタングルメントの合計量，すなわちエンタングルメント・エントロピーは，領域 A の境界の面積に比例するわけである．

面積則は自由スカラー場理論以外でも幅広い場の理論の基底状態や有限エネルギー密度の励起状態に対して成立する法則である．専門的な言い方をすると，高エネルギー領域で紫外固定点を有する場の理論に対して成り立つ．言い換えると，エネルギーが高い領域ではスケール対称性を有し，共形場理論として振る舞う理論という意味である（共形場理論に関しては 3.7 節を参照）．

しかしながら，面積則が適用できる場の理論は空間次元が $d \geq 2$ である必要があることに注意されたい．実際に，前述の $1+1$ 次元の場の理論で，質量がゼロの場合（2 次元共形場理論と呼ぶ）は式 (3.15) のように領域 A のサイズの対数に比例する．これは面積則を破っており，例外に相当する．とはいえ，$1+1$ 次元の場の理論でも質量がゼロではない理論では面積則が成立する．このときは領域 A の境界は点であり，その点の数を面積と解釈する．

3.5 経路積分

場の理論におけるエンタングルメント・エントロピーは一般には解析的に行うことが難しいが，特別な場の理論に対してはそれが可能になる．このときに解析的計算を行う際にしばしば**経路積分**の定式化を用いる．そこで場の理論の経路積分法について簡単に説明したい．その前に量子力学の経路積分から始めよう．

量子状態の時間発展は式 (2.3) で与えられ，これを解くと，時刻 t_0 から t_1 までの波動関数の時間発展を

$$\psi(t_1, x) = e^{-\frac{i}{\hbar}H(t_1 - t_0)}\psi(t_0, x), \tag{3.17}$$

と表すことができる．経路積分法を用いると，この時間発展を

$$\psi(t_1, x) = \int \prod_{t_0 < t < t_1} Dx(t) e^{\frac{i}{\hbar}S[x(t), t_1, t_0]} \delta\left(x - x(t_1)\right) \psi(t_0, x(t_0)), \tag{3.18}$$

と表すことができる．ここで，$S[x(t), t_1, t_0] = \int_{t_0}^{t_1} dt \left[\frac{1}{2}\left(\frac{dx}{dt}\right)^2 - V(x)\right]$ は t_0 から t_1 までの作用である．積分 $\int Dx$ は $t_0 < t < t_1$ の間の粒子の可能なすべての軌跡 $x = x(t)$ についての積分を意味し，経路積分と呼ばれる．また，$\delta(x - x(t_1))$ は $t = t_1$ で x の値を読み取る δ 関数である．$\hbar \to 0$ の極限では，$e^{iS/\hbar}$ の振動が大きくなる，古典的軌道すなわちニュートンの運動方程式によって決まる軌跡 (2.1) に積分が局在し，古典力学の結果を再現する．

この経路積分 (3.18) は，ある時刻の波動関数が与えられたときにその後の時間発展を記述する．では最も低いエネルギー状態である基底状態の波動関数自体を求めたい場合はどのようにすればよいであろうか．その答えは，時間をユークリッド化した場合の経路積分を行うことである．言い換えると時間 t を虚数にとることである．このとき，$t = -i\tau$ とおいて τ を**ユークリッド時間**と呼ぶ．その場合には波動関数は $e^{-\tau H}$ で発展するので $\tau \to \infty$ にとれば，どんな状態からスタートしても最低エネルギー状態のみ生き残る（他の状態は指数関数的に減衰する）．

さて，前に説明したように場の理論は量子力学が無数に集まった理論（量子多体系）とみなすことができる．場の理論の波動関数は時刻 τ の場の配位 $\phi(\tau, x)$ の関数（関数の関数なので汎関数と呼ぶ）となる．そこで，場の理論の波動関数を**波動汎関数**と呼ぶ．以下では，自由スカラー場理論 (3.1) を例にとり，波動汎関数の計算を説明したい．表記を簡単にするために $d = 1$ とする．量子力学でそうであったように，ユークリッド時間で (3.1) の作用を用いて無限時間経路積分することで基底状態の波動汎関数を求めることができる（図 3.4 を参照）：

$$\Psi[\tilde{\phi}(x)] = \int \left[\prod_{\substack{-\infty < \tau < 0, \\ -\infty < x < \infty}} D\phi(\tau, x)\right] e^{-S_{\text{スカラー}}[\phi]} \prod_{-\infty < x < \infty} \delta(\phi(0, x) - \tilde{\phi}(x)). \tag{3.19}$$

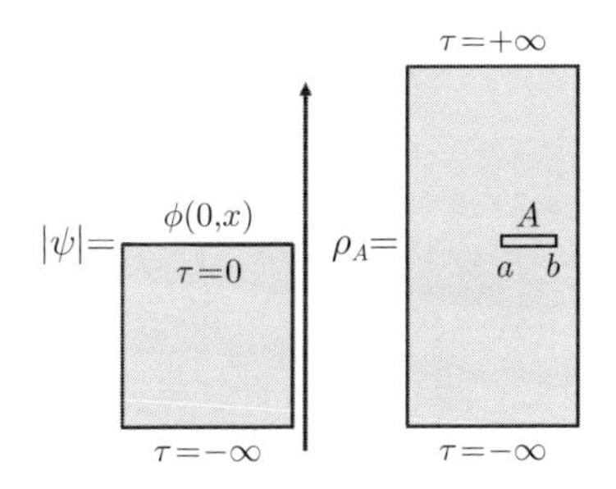

図 3.4 経路積分による波動汎関数（左）と縮約した密度行列（右）の計算.

最後の δ 関数は，$\tau=0$ のスカラー場の関数の値 $\phi(0,x)$ を読み取る操作を表し，波動汎関数は，その値 $\tilde{\phi}(x)$ の汎関数となる.

この波動汎関数は規格化されておらず，ノルム，つまり自分自身との重なり積分を考えると，全領域の経路積分

$$\begin{aligned} Z &= \int \left[\prod_{-\infty<x<\infty} D\tilde{\phi}(\tau,x) \right] \left| \Psi[\tilde{\phi}(x)] \right|^2, \\ &= \int \left[\prod_{-\infty<\tau,x<\infty} D\phi(\tau,x) \right] e^{-S_{\text{スカラー}}[\phi]}, \end{aligned} \tag{3.20}$$

となる．この量 Z を**分配関数**と呼ぶ.

分配関数の基本的な例が，式 (2.7) で与えられるカノニカル分布の分配関数である．これを経路積分で計算する方法を説明しよう．$e^{-\beta H}$ の作用は，ユークリッド時間で β の時間だけ経路積分することに相当する．したがって，

$$Z = \int \left[\prod_{\substack{0\leq\tau\leq\beta, \\ -\infty<x<\infty}} D\phi(\tau,x) \right] e^{-S_{\text{スカラー}}[\phi]}, \tag{3.21}$$

と書ける．ここで $S_{\text{スカラー}}[\phi]$ はスカラー場の作用を $\phi(0,x)=\phi(\beta,x)$ の周期的境界条件を課して，$0\leq\tau\leq\beta$ の領域で積分したものである.

3.6 レプリカ法による計算

場の理論におけるエンタングルメント・エントロピーを計算する方法の一つ

は，3.3 節で計算例を示したように波動関数を具体的に求め，直接フォン・ノイマン・エントロピーを計算する手法である．この方法は計算過程が明確であるという利点はあるが，波動関数を解析的に計算できる例は自由場理論以外にはほとんど知られておらず，相互作用する場の理論においての計算は困難である．

これに対して，ユークリッド経路積分を用いて縮約した密度行列 ρ_A を表すことでレンニ・エントロピー (2.33) を計算し，$n=1$ への解析接続でフォン・ノイマン・エントロピーを計算する強力な手法があり，**レプリカ法**と呼ばれている．以下ではこの手法を説明したい．前節同様，表記を簡単にするため $1+1$ 次元の自由スカラー場の理論を考え，領域 A を線分 $a \le x \le b$ に選び，その補集合を B とする．

このとき縮約した密度行列 ρ_A は $|\Psi\rangle\langle\Psi|$ に相当する波動汎関数のコピーを用意して，線分 B 上で張り合わせて経路積分して

$$\rho_A[\phi_1(x), \phi_2(x)] = \frac{1}{Z}\int \left[\prod_{x\in B} D\phi(x)\right] \Psi^*[\phi(x)]\Psi[\phi'(x)] \\ \times \left[\prod_{x\in A} \delta(\phi_1(x)-\phi(x))\delta(\phi_2(x)-\phi'(x))\right]\left[\prod_{x\in B}\delta(\phi(x)-\phi'(x))\right],$$

のように与えられる．ここで ρ_A の行列の横と縦の成分が $\phi_1(x)$ と $\phi_2(x)$ に相当し，それらは A 上の実関数がなすヒルベルト空間の元である．右辺最初の $1/Z$ の因子は，分配関数で割ることで規格化 $\mathrm{Tr}\,\rho_A = 1$ を満たすようにしている．

レンニ・エントロピーを求めるために $\mathrm{Tr}\,[(\rho_A)^n]$ を計算することになるが，これは上記の ρ_A を n 個並べて，隣り合った行列の足を縮約すればよい．前述のように ρ_A は複素平面の A にスリットを入れた空間上の経路積分に相当する．経路積分の立場では ρ_A 同士の縮約は，片方の複素平面の線分 A のスリット上部を隣の複素平面のスリット下部と張り合わせることで実行できる．図 3.5 の上のイラストにその様子が描かれているが，結果としてこの図の下に描かれているように n 枚の平面を A のスリットで張り合わせた空間（リーマン面）が得られる．この空間を Σ_n と書くことにする．Σ_1 はもともとの平面に相当する．Σ_n は，線分 A の両端点の周りを n 周するともとに戻る，つまり角度の周期が $2\pi n$ となる空間となっていることに注意されたい．この空間における分配関数を $Z(\Sigma_n)$ と表すことにしよう．

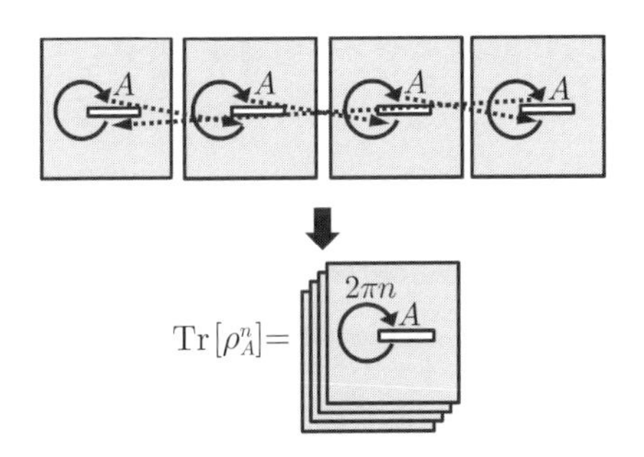

図 3.5　経路積分による $\mathrm{Tr}\,[\rho_A^n]$ の計算．点線の矢印は，n 枚の複素平面の張り合わせ方を表しており，実線の矢印は，A の左端を周回すると n 周してもとに戻る様子を描いている．

縮約された密度行列に対して，正規化因子 $1/Z = 1/Z(\Sigma_1)$ を掛けることを思い出すと最終的にレンニ・エントロピーは次のように分配関数で表される：

$$S_A^{(n)} = \frac{1}{1-n} \log \left[\frac{Z(\Sigma_n)}{Z(\Sigma_1)^n} \right]. \tag{3.22}$$

空間 Σ_n はもとの空間 Σ_1 の n 個分のコピーすなわちレプリカに相当するので，その空間の分配関数を計算することで，レンニ・エントロピーやエンタングルメント・エントロピーを求める上記の手法は**レプリカ法**と呼ばれる．場の理論のエンタングルメント・エントロピーの計算に最も頻繁に利用される手法である．特に $1+1$ 次元のスカラー場理論の場合については上で説明したとおりだが，より一般の場が存在する場合や，より高次元の場の理論の場合のエンタングルメント・エントロピーの計算も同様にレプリカ法で行うことができる．次の 3.7 節ではレプリカ法による具体的な計算例を 2 次元共形場理論に対して紹介する．

3.7　2 次元共形場理論におけるエンタングルメント・エントロピー

通常，場の理論には，素粒子の質量といったエネルギー（もしくは長さ $^{-1}$）の次元をもつパラメータが含まれる．しかし，電磁気の理論では光子の質量はゼロであるので，そのようなパラメータは存在しない．このようにエネルギーの次元をもつパラメータを含まない場の理論は，長さのスケールを変えても物理法則は不変であり，**スケール対称性**をもつという．場の理論はもともと並進対称性やローレンツ対称性をもっているが，たいていの場合，より大きな対称性である**共形対称性**を有する．共形対称性とは，角度を保つすべての変換（等角写像とも呼ぶ）で不変である性質を意味する．この共形対称性を有する場の理論を**共形場理論**と呼ぶ．

以下では，特に2次元のユークリッド空間における共形場理論を考え，レプリカ法でエンタングルメント・エントロピーを計算してみたい．2次元のうち片方はユークリッド化された時間に相当し，もう片方が空間方向である．したがって1次元量子系に相当し，スケール対称性をもつことは量子臨界点における理論に対応する．この2次元共形場理論の複素座標を $(w, \bar{w})$ としよう．$\bar{w} = x - i\tau$ は $w = x + i\tau$ の複素共役であり，実軸を空間 x，虚軸をユークリッド化された時間 τ とみなす．

まず，この2次元面の計量を

$$ds^2 = e^{2\varphi} dw d\bar{w}, \tag{3.23}$$

ととる．座標変換を行うことでどんな計量でもこの形に直すことができるからである．ここで φ は座標に依存する関数である．

共形場理論はスケール不変性を有しているので，式 (3.23) のように計量の因子 $e^{2\varphi}$ を掛けても理論は変わらないはずである．例えば2次元の質量がゼロ $(m = 0)$ のスカラー場理論を考えてみよう．2次元の座標を $(x_1, x_2) = (\tau, x)$ ととり，その計量を g_{ij} $(i, j = 1, 2)$ と書くとユークリッド化された一般に曲がった空間におけるスカラー場の作用は

$$S_{\text{スカラー}} = \frac{1}{2} \int d\tau dx \sqrt{g} g^{ij} \partial_i \phi \partial_j \phi, \tag{3.24}$$

と書ける．ここで g は 2×2 行列 g_{ij} の行列式を意味し，$g^{ij} \partial_i \phi \partial_j \phi \equiv \sum_{i,j=1}^{2} g^{ij} \partial_i \phi \partial_j \phi$ と同じ添え字（i, j 等）に関して自動的に和をとる，いわゆる**アインシュタインの縮約記法**を採用している．さて，この作用 (3.24) が確かに $g_{ij} \to e^{2\varphi} g_{ij}$ の計量のスケール変換で不変となることはすぐにわかる．

一般にスケール対称性を調べる際に，**エネルギー運動量テンソル**を用いると便利である．エネルギー運動量テンソル T_{ij} は次の一般式で計算される：

$$T_{ij} = \frac{2}{\sqrt{g}} \frac{\delta S}{\delta g^{ij}}. \tag{3.25}$$

$T_{\tau\tau}$ と $T_{\tau x}$ はそれぞれエネルギー密度，運動量密度を意味する．特にスカラー場理論 (3.24) に対しては，

$$T_{ij} = \partial_i \phi \partial_j \phi - \frac{1}{2} g_{ij} (\partial_k \phi \partial^k \phi), \tag{3.26}$$

と計算される．一般に場の理論の分配関数 Z に微小スケール変換 $g_{ij} \to e^{2\delta\varphi} g_{ij}$ を施すと，その変分はエネルギー運動量テンソルのトレース T^i_i に比例する：

$$\frac{\delta}{\delta\varphi} \log Z = T^i_i. \tag{3.27}$$

したがって，場の理論がスケール不変である条件は T^i_i がゼロになることであるといえる．確かに，前述のスカラー場理論 (3.24) では，式 (3.26) から $T^i_i = 0$ となっていることが簡単に確認できる．

しかしながら，以上のスケール不変性の議論は古典論のレベルの解析によるものである．実は，量子論の効果を取り入れると，一般にはスケール対称性が破れてしまうことが知られている．これを**共形アノマリー**と呼ぶ．これは T^i_i の真空期待値 $\langle T^i_i \rangle$ を注意深く量子効果を取り入れて計算することで求められ，一般に次式のような形になる：

$$\langle T^i_i \rangle = \frac{c}{24\pi} R + \mu_0 e^{2\varphi} = -\frac{c}{12\pi} \partial_i \partial^i \varphi + \mu_0 e^{2\varphi}. \tag{3.28}$$

ここで，c は**中心電荷**と呼ばれる量であり，2次元共形場理論の自由度に比例する．例えば，前述のスカラー場 ϕ は $c = 1$ であり，自由実フェルミオン場では $c = 1/2$ である．右辺の最初の項が共形アノマリーであり，第二項は，場の理論に特有の紫外発散項である．場の理論の経路積分を一定の微小サイズ ϵ の格子に分けて離散化したときに，格子の密度は $e^{2\varphi}/\epsilon^2$ に比例するからである ($\mu_0 \propto 1/\epsilon^2$).

この表式 (3.28) を用いて，(3.27) を積分すると分配関数は

$$\begin{aligned} Z &= e^{I_L(\varphi)}, \\ I_L(\varphi) &= \frac{c}{24\pi}\int dxd\tau\left[(\partial_x\varphi)^2+(\partial_\tau\varphi)^2+\mu e^{2\varphi}\right] \\ &= \frac{c}{24\pi}\int d^2w\left[4\partial_w\varphi\partial_{\bar{w}}\varphi+\mu e^{2\varphi}\right], \end{aligned} \tag{3.29}$$

と書ける．この作用 I_L は**リュービル作用**と呼ばれる．ここで，$\mu = 12\pi\mu_0/c$ とおいた．w と $\bar{w}$ の微分は，$\partial_w = \frac{1}{2}(\partial_x - i\partial_\tau)$，$\partial_{\bar{w}} = \frac{1}{2}(\partial_x + i\partial_\tau)$ と書けることに注意されたい．また $d^2w = dxd\tau$ と書くことにした．

さて，エンタングルメント・エントロピーの計算に戻ろう．レプリカ法では前節で説明したように n 枚の複素平面のそれぞれに部分系 A に沿ってスリットを開け，交互に張り合わせてリーマン面 Σ_n を構成する（図 3.5 を参照）．もとの複素平面の座標を $(y,\bar{y})$ とし，その部分系 A を時刻 $\tau = 0$ における線分 $a \leq x \leq b$ とすると，正則変換

$$w^n = \frac{y-a}{y-b}, \tag{3.30}$$

を施すと，y 座標で n 枚の平面であったが，w 座標では一枚の複素平面となる．もとの座標 $(y,\bar{y})$ の計量は平坦すなわち $ds^2 = dyd\bar{y}$ であったが，正則変換 (3.30) を施すと，スケール変換を受けて，(3.23) の計量において

$$e^{2\varphi} = \left|\frac{dy}{dw}\right|^2 = n^2(b-a)^2\frac{|w|^{2(n-1)}}{|w^n-1|^4}, \tag{3.31}$$

となる．

この背景におけるリュービル作用を $I_L^{(n)}$ と書くと，

$$I_L^{(n)} = \frac{c}{24\pi}\int d^2w\left[\frac{|(1-n)-(1+n)w^n|^2}{|w^n-1|^2|w|^2} + \mu\frac{n^2(b-a)^2|w|^{2(n-1)}}{|w^n-1|^4}\right], \tag{3.32}$$

と計算され，レプリカ法によるレンニ・エントロピーは

$$S_A^{(n)} = \frac{1}{1-n}\left[I_L^{(n)} - nI_L^{(1)}\right], \tag{3.33}$$

と表される．リュービル作用 (3.32) の積分はそのままでは発散してしまう．そこで，もとの y 座標で長さスケール ϵ の紫外カットオフになるように

$$\text{(i) } y \to a : |w| > \left(\frac{\epsilon}{b-a}\right)^{1/n}, \tag{3.34}$$

$$\text{(ii) } y \to b : |w| < \left(\frac{b-a}{\epsilon}\right)^{1/n}, \tag{3.35}$$

とおき，また，y 平面の面積が無限であることからくる赤外発散を除去するために $|y| \leq y_\infty$，つまり

$$\text{(iii) } y \to \infty : |w^n - 1| > \frac{b-a}{y_\infty}, \tag{3.36}$$

とカットオフを入れることにする．このとき，$y = a$ 付近の積分は

$$I_L^{(n)} \simeq \frac{c}{24\pi}\int_{w\simeq 0} d^2w \frac{(1-n)^2}{|w|^2} \simeq \frac{c(1-n)^2}{12n}\log\left(\frac{b-a}{\epsilon}\right), \tag{3.37}$$

と評価される．同様に $y = b$ では，

$$I_L^{(n)} \simeq \frac{c}{24\pi}\int_{w\to\infty} d^2w \frac{(1+n)^2}{|w|^2} \simeq \frac{c(1+n)^2}{12n}\log\left(\frac{b-a}{\epsilon}\right), \tag{3.38}$$

と見積もられる．最後に $y \to \infty$ では，$z = w^n$ を定義して

$$\begin{aligned} I_L^{(n)} &\simeq \int_{w^n\simeq 1} d^2w \frac{c}{24\pi}\cdot\left[\frac{4n^2}{|w^n-1|^2} + \mu\frac{n^2(b-a)^2}{|w^n-1|^4}\right] \\ &\simeq n\int_{|z-1|>\frac{b-a}{y_\infty}} d^2z \left[\frac{c}{6\pi|z-1|^2} + \frac{c\mu}{24\pi}\cdot\frac{(b-a)^2}{|z-1|^4}\right], \end{aligned} \tag{3.39}$$

のように n に比例することがわかる．すぐ後でわかるようにこの部分はレンニ・エントロピーに寄与しない．

以上の計算を総合すると，

$$I_L^{(n)} - nI_L^{(1)} \simeq \frac{c}{6}\cdot\frac{(1-n^2)}{n}\log\left(\frac{b-a}{\epsilon}\right), \tag{3.40}$$

となり，結果として 2 次元共形場理論におけるレンニ・エントロピーは，レプリカ法による計算公式 (3.22) から

$$S_A^{(n)} = \frac{c}{6}\left(1 + \frac{1}{n}\right)\log\left(\frac{b-a}{\epsilon}\right), \tag{3.41}$$

と求められる．ここで，$\log \epsilon$ のように発散する項のみ考慮しており，有限な定数項は無視している．特にフォン・ノイマン・エントロピーの場合 $n = 1$ を考えると，エンタングルメント・エントロピーは

$$S_A = \frac{c}{3}\log\left(\frac{b-a}{\epsilon}\right), \tag{3.42}$$

となる．これはホルゼイとラーセンとウィルチェックによって 1994 年に発見された有名な公式である (Nucl.Phys.B **424** (1994) 443)．3.3 節の数値計算で，質量がゼロの 2 次元自由スカラー場理論のエンタングルメント・エントロピーは式 (3.15) のように振る舞うが，自由スカラー場理論は中心電荷が $c = 1$ で与えられる共形場理論であるので，確かに式 (3.42) と一致している．

高次元（3 次元以上）の共形場理論では，上記の 2 次元の場合のように普遍的な表式を導くのは，一般に困難である．しかし，部分系 A が球面の場合は，偶数次元の共形場理論においては，対数発散する項が中心電荷に比例することが知られている．また高次元の共形場理論のレンニ・エントロピーに関してはさらに解析が難しい．しかし，ボソンとフェルミオンを入れ替える対称性である超対称性を有する共形場理論では，超対称レンニ・エントロピーと呼ばれるレンニ・エントロピーを超対称性を保つように変形した量を厳密に計算することができる (Nishioka-Yaakov, JHEP **10** (2013) 155).

3.8 エントロピック C 定理

場の理論のエンタングルメント・エントロピーの一般的な性質の応用例に**エントロピック C 定理**があるので紹介したい (Casini-Huerta, Phys.Lett.B **600** (2004) 142–150).

前節で調べた 2 次元共形場理論に演算子 O で表される相互作用を加えた場合を考えよう．新しい理論の作用は，もとの共形場理論のもの S_{CFT} から

$$S_{\mathrm{CFT}} + \int d^2x O(x), \tag{3.43}$$

のように変形される．一般に，スケール対称性はこの変形によって破れる．特に演算子 $O(x)$ の共形次元を Δ_O としたとき，$\Delta_O < 2$ の場合は**レレバント**と呼ばれ，場の理論の繰り込み群の流れに沿って低エネルギーでその効果がとても大きくなる．共形次元はその演算子が量子効果を含めてもつ運動量の次元と思えばよい．例えばスカラー場 ϕ やフェルミオン場 ψ の共形次元はそれぞれ 0 と 1/2 である（正確にはスカラー場の場合は少々注意が必要だがここでは省略する）．したがって，質量項 ϕ^2 や $\bar{\psi}\psi$ は，それぞれ共形次元が 0 と 1 となり，$\Delta_O < 2$ の条件を満たすのでレレバントとなる．このようなレレバント変形を行うと，質量項変形を考えればわかるように，低エネルギーに行くと，質量ギャップのせいで自由度がどんどん減っていく．場の理論のエネルギースケールを低くしていく操作を繰り込み群という．では，この繰り込み群で単調に減少する自由度はどのように定量化できるであろうか．

2 次元共形場理論の自由度を特徴づける良い量が前節で導入した中心電荷 c である．実際にエンタングルメント・エントロピーも式 (3.42) のように中心電荷に比例している．繰り込み群における自由度の変化を調べるには，スケール対称性が破れている場の理論に対しても中心電荷に相当する量を定義する必要がある．そこで，部分系 A を長さ $l = b - a$ にとった場合のエンタングルメント・エントロピー $S_A(l)$ の微分から

$$C(l) = \frac{dS_A(l)}{d\log l}, \tag{3.44}$$

として**エントロピック C 関数**と呼ばれる関数 $C(l)$ を定義しよう．実際に共形場理論の場合は，その中心電荷 c が $C(l) = \frac{c}{3}$ と与えられることは式 (3.42) から明らかである．2 次元共形場理論を式 (3.43) のようにレレバント変形をした場合は，高エネルギー（紫外）領域では，その変形の効果は無視できる．したがって，

$$\lim_{l \to 0} C(l) = \frac{c_{UV}}{3}, \tag{3.45}$$

となるはずである．ここで c_{UV} は変形する前の共形場理論の中心電荷である．

さて，有限の l における $C(l)$ の振る舞いはどのようになるであろうか．一般に，具体的に場の理論の計算を行うのは難しい．しかし，エンタングルメント・エントロピーの一般的な性質である強劣加法性 (2.30) を用いると興味深いことに $C(l)$ は l が大きくなるにつれて単調に減少するという明快な定理：

[エントロピック C 定理]　エントロピック C 関数 $C(l)$ は，部分系のサイズ l に関して単調減少する

が以下で説明するように得られるのである．

2 次元共形場理論が定義されている 2 次元ミンコフスキー時空を考え，その座標を (x,t) とする．時空の計量は $ds^2 = -dt^2 + dx^2$ である．このときに，部分系 A と B を図 3.6 にあるように斜めにとることにする．場の理論にはローレンツ不変性があるので，ローレンツ変換（ブースト）で時間軸と空間軸を変換して，時刻一定面に部分系 A や B を載せることができ，それぞれのエンタングルメント・エントロピー S_A と S_B を定義できる．相互作用が並進不変でローレンツ不変であるので，S_A は A の不変長 $l(A)$，つまりローレンツ不変な長さ $\sqrt{-\Delta t^2 + \Delta x^2}$，のみに依存する．$S_B$ も同様である．さらに A と B の共通部分に相当する部分系 $A \cap B$ と和の部分に相当する $A \cup B$ は，それぞれ図 3.6 にあるように上部と下部の水平な線分に一致する．このとき，それぞれの不変長は以下で与えられる：

$$l(A) = l(B) = \sqrt{(2x-t)^2 - t^2} = \sqrt{4x(x-t)},$$

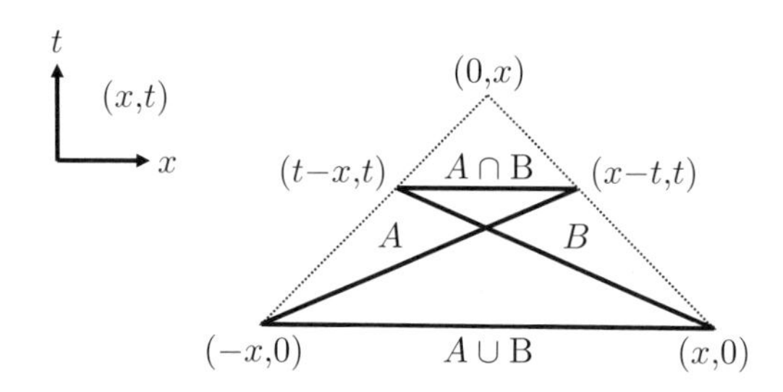

図 3.6　エントロピック C 定理の証明のセットアップ．外側の直角二等辺三角形の斜めの二つの辺は光円錐を表す．

$$l(A \cap B) = 2(x - t), \quad l(A \cup B) = 2x. \tag{3.46}$$

したがって，$l(A) \cdot l(B) = l(A \cap B) \cdot l(A \cup B)$ が成り立つ．そこで，次にこれらの長さをパラメータ p と q を用いて表すことにする：

$$l(A) = l(B) = e^{\frac{p+q}{2}}, \quad l(A \cap B) = e^{p}, \quad l(A \cup B) = e^{q}. \tag{3.47}$$

さらに以下の記述を簡単にするために，エンタングルメント・エントロピーを部分系の不変長の対数の関数として $S_A = S(\log l(A)) = S(\frac{p+q}{2})$ のように表すことにする．

さて，このセットアップで強劣加法性 (2.30) は，

$$S_A + S_B \geq S_{A \cap B} + S_{A \cup B}, \tag{3.48}$$

と表すことができるので，(3.47) のパラメータ p, q を用いて表すと

$$2S\left(\frac{p+q}{2}\right) \geq S(p) + S(q), \tag{3.49}$$

と書けるが，これはちょうど，$S(y)$ という関数が上に凸であることと等価である．したがって，$S(y)$ の二階微分が負である：

$$\frac{d^2 S(y)}{dy^2} \leq 0. \tag{3.50}$$

このとき，y が部分系の不変長の対数であることを思い出すと，上式からエントロピック C 関数の単調性：

$$\frac{dC(l)}{dl} \leq 0, \tag{3.51}$$

が導かれる．このようにして，エントロピック C 関数は長さスケール l が大きくなるとともに単調減少するというエントロピック C 定理が証明された．

以上の話は，2 次元共形場理論に限定した内容であったが，繰り込み群において自由度が単調減少するという定理は，エンタングルメント・エントロピーを用いて，3 次元や 4 次元でも証明されている（3 次元は，Casini-Huerta, Phys.Rev. D

85 (2012) 125016, 4 次元は, Casini-Teste-Torroba, Phys.Rev.Lett. **118** (2017) no.26, 261602 を参照).

3.9 スカラー場のエンタングルメント・エントロピー計算の詳細

最後に, 3.3 節で結果を示した自由スカラー場の基底状態のエンタングルメント・エントロピーの空間離散化による具体的計算法を説明したい (Bombelli *et.al.* Phys.Rev.D **34** (1986) 373 や, Shiba, JHEP **1207** (2012) 100 に基づく). この計算における基本的な考え方は, 格子上で離散化されたスカラー場理論は, 複数の調和振動子が結合している系とみなせるということである.

そこで A と B の二つの 1 次元調和振動子からなる系で, 相互作用を適当に選ぶとその基底状態の波動関数が次のガウシアンの形

$$\psi(x,y)=\mathcal{N}_h\exp\left[-\frac{1+\gamma^2}{2(1-\gamma^2)}(x^2+y^2)+\frac{2\gamma}{1-\gamma^2}xy\right], \tag{3.52}$$

で表せる. ここで x と y はそれぞれ A と B の調和振動子の (1 次元) 位置座標であり, $\mathcal{N}_h$ は規格化因子である. パラメータ γ は A と B の相互作用に関係し, $\gamma=0$ は相互作用がゼロの場合に相当し, 直積状態となりエンタングルメントは明らかにゼロである.

さて, B の自由度をトレースアウトして A の縮約行列を計算するとガウス積分を実行して

$$\begin{aligned}&\rho_A(x,x')\\&=\int dy\psi^*(x,y)\psi(x',y)\\&=\sqrt{\frac{1-\gamma^2}{\pi(1+\gamma^2)}}\exp\left[-\frac{1+\gamma^4}{2(1-\gamma^4)}(x^2+x'^2)+\frac{2\gamma^2}{1-\gamma^4}xx'\right],\end{aligned} \tag{3.53}$$

となる. ここで, x と x' は ρ_A を行列と見たときの足である. 上式で ρ_A の正規化因子は $\mathrm{Tr}\,[\rho_A]=1$ から決めた.

さらに, ρ_A のべき乗 $(\rho_A)^n$ も計算すると

$$
\begin{aligned}
(\rho_A)^n(x,x') &= \int dx_1 \cdots dx_{n-1} \rho_A(x,x_1)\rho_A(x_1,x_2)\cdots\rho_A(x_{n-1},x') \\
&= \frac{(1-\gamma^2)^n}{\sqrt{\pi(1-\gamma^{4n})}} \cdot \exp\left[-\frac{1+\gamma^{4n}}{2(1-\gamma^{4n})}(x^2+x'^2) + \frac{2\gamma^{2n}}{1-\gamma^{4n}}xx'\right]. \quad (3.54)
\end{aligned}
$$

したがって,

$$
\mathrm{Tr}\left[(\rho_A)^n\right] = \frac{(1-\gamma^2)^n}{1-\gamma^{2n}}, \tag{3.55}
$$

となり，エンタングルメント・エントロピーは次のように求まる：

$$
S_A = -\log(1-\gamma^2) - \frac{\gamma^2}{1-\gamma^2}\log\gamma^2. \tag{3.56}
$$

後で便利なように，パラメータ γ を次で定義される λ で置き換える：

$$
\lambda = \frac{4\gamma^2}{(1-\gamma^2)^2}. \tag{3.57}
$$

すると ρ_A は，座標 x, x' の適当なスケール変換で,

$$
\rho_A(x,x') = \frac{1}{\sqrt{\pi}}\exp\left[-\frac{1}{2}(x^2+x'^2) - \frac{\lambda}{4}(x-x')^2\right], \tag{3.58}
$$

と表すことができる．エンタングルメント・エントロピー (3.56) を λ で表すと式 (3.14) の関数 $S(x)$ を用いて，$S_A = S(\lambda)$ と書ける．

さてここで，離散化されたスカラー場理論に戻ろう．波動関数 (3.9) で表される状態で B をトレースアウトした縮約密度行列 ρ_A（この行列の足を ϕ_A と ϕ'_A とする）は次のように求まる：

$$
\begin{aligned}
&\rho_A[\phi_A, \phi'_A] \\
&= \int d\phi_B \Psi^*_{AB}[\phi_A,\phi_B]\Psi_{AB}[\phi'_A,\phi_B], \\
&= \mathcal{N}_\rho \cdot \exp\left[-\frac{1}{2}(\phi_A^T\ \phi_A'^T)\begin{pmatrix} A-\frac{1}{2}BC^{-1}B^T & -\frac{1}{2}BC^{-1}B^T \\ -\frac{1}{2}BC^{-1}B^T & A-\frac{1}{2}BC^{-1}B^T \end{pmatrix}\begin{pmatrix}\phi_A \\ \phi'_A\end{pmatrix}\right].
\end{aligned}
\tag{3.59}
$$

ここで $\mathcal{N}_\rho$ は密度行列の規格化因子である．さてこのとき，指数関数の肩の

表式を以下のように書き換えることができる：

$$\rho_A[\phi_A, \phi'_A] = \mathcal{N}_\rho \cdot \exp\left[-\frac{1}{2}\phi_A^T P \phi_A - \frac{1}{2}\phi_A'^T P \phi'_A - \frac{1}{4}(\phi_A^T - \phi_A'^T) Q (\phi_A - \phi'_A)\right]. \tag{3.60}$$

ただし

$$P = A - BC^{-1}B^T, \quad Q = BC^{-1}B^T, \tag{3.61}$$

とおいた．これらの行列 P と Q は実対称行列である．この表式と前に説明した二つの調和振動子系の縮約密度行列 (3.58) の類似性に着目しよう．実際に，ϕ_A を $\sqrt{P}\phi_A \to \phi_A$ という変数変換，また同様に ϕ'_A に関しても同じ変換を行うと，$P = 1$ にすることができる．さらに ϕ_A と ϕ'_A を同時に直交変換することで，$P^{-1/2}QP^{-1/2}$ を対角化できる．このようにすると，対角化した後は，(3.58) の状態の直積とみなすことができる．

$P^{-1/2}QP^{-1/2}$ の固有値は，$P^{-1}Q$ の固有値と等しいが，式 (3.11) を用いると，$P = A - C^{-1}B^T = D^{-1}$ なので，

$$P^{-1}Q = -EB^T, \tag{3.62}$$

がわかり，これは式 (3.12) の行列に等しい．

したがって，前述の対角化をしたときに，(3.58) のパラメータ λ に相当するのは (3.12) の固有値である．このようにして最終的に，スカラー場のエンタングルメント・エントロピーの計算公式 (3.13) を得る．

第4章 ゲージ重力対応と量子エンタングルメント

この章では，いよいよ本書の本題である量子エンタングルメントと重力理論の深い関わり合いについて説明したい．歴史的な経緯をふまえて，ブラックホールのもつエントロピーの解説から始め，そのミクロな根源を追求することで生まれたゲージ重力対応について述べる．その後で，場の理論のエンタングルメント・エントロピーを，ゲージ重力対応を通じて時空の極小面積として計算する公式を説明する．

4.1 ブラックホールのエントロピー

自然界における力には四つあることがよく知られている．そのうち三つは電磁気力，強い力（核力），弱い力（β 崩壊を引き起こす力）である．この三つの力は**ゲージ理論**と呼ばれるクラスの場の理論によって統一的に表すことができる．ゲージ理論は電磁気学のマックスウェル理論のゲージポテンシャル A^μ が行列値をとるように一般化したもので，ヤン・ミルズ理論とも呼ばれる．残る一つの力が重力である．

重力の古典論は**一般相対論**で記述され，一般座標変換不変性を基に理論が構築されるが，他の三つの力を記述するゲージ理論とは異なる理論である．場の理論では通常，時空の計量 $G_{\mu\nu}$ は固定して考えるが，一般相対論では計量自体がダイナミカルに変動する場となる．重力理論の時空の座標を x^μ と表すことにし，後の便宜上，時空の次元を $d+2$ とする．すなわち $\mu = 0, 1, 2, \ldots, d+1$ である．

さて，一般相対論では，重い物体があるとそのエネルギー運動量テンソル $T_{\mu\nu}$

によって，時空の計量が**アインシュタイン方程式**

$$R_{\mu\nu} - \frac{1}{2}RG_{\mu\nu} = 8\pi G_N T_{\mu\nu}, \tag{4.1}$$

に従って変化し，その変化によって周りの物質がその重い物体に引き付けられるという万有引力を記述する．ここで，$R_{\mu\nu}$ は時空の曲がり具合を表すリッチテンソルで，R はそのトレース $G^{\mu\nu}R_{\mu\nu}$ を表し，G_N は重力定数（ニュートン定数）である．エネルギー運動量テンソルは物質の作用 $I_{物質}$ から

$$T_{\mu\nu} = -\frac{2}{\sqrt{-G}}\frac{\delta I_{物質}}{\delta G^{\mu\nu}}, \tag{4.2}$$

と計算される．これをユークリッド化すると式 (3.25) の関係式と同じである．ここで G は $G_{\mu\nu}$ を行列とみなしたときの行列式を表す．

古典重力理論の作用 $I_{重力}$ は重力場の**アインシュタイン・ヒルベルト作用**

$$I_{EH} = \frac{1}{16\pi G_N}\int d^{d+2}x\,\sqrt{-G}(R - 2\Lambda), \tag{4.3}$$

と物質の作用 $I_{物質}$ の和で与えられ，この作用 $I_{重力} = I_{EH} + I_{物質}$ の計量 $G_{\mu\nu}$ を微小変分することでアインシュタイン方程式 (4.1) が導かれる．定数 Λ は**宇宙定数**と呼ばれ，宇宙論ではダークエネルギーとも呼ばれる．実際に，Λ に比例する項はエネルギー運動量テンソルに $T_{\mu\nu} = -\frac{\Lambda}{8\pi G_N}G_{\mu\nu}$ という寄与を与える．特に宇宙定数がゼロ $\Lambda = 0$ で，物質が存在しないとき $(T_{\mu\nu} = 0)$ に，平坦な時空，すなわち $G_{\mu\nu} = \eta_{\mu\nu}$ がアインシュタイン方程式の解となる．ここで $\eta_{\mu\nu}$ は対角行列で，$-\eta_{00} = \eta_{11} = \cdots = \eta_{d+2,d+2} = 1$ である．$\Lambda > 0$ のときの代表的なアインシュタイン方程式の解が**ドジッター時空**，$\Lambda < 0$ の場合は**反ドジッター時空**である．

重力が存在して初めて起こる顕著な現象がブラックホールである．極めて重い星が小さな半径に圧縮されると重力崩壊という現象が起こり，ブラックホールが形成されることはよく知られている．特に，$d+2=4$ 次元の一般相対論で宇宙定数がゼロ $(\Lambda = 0)$ かつ真空 $(T_{\mu\nu} = 0)$ の場合を考えると，アインシュタイン方程式の解として，球対称性なブラックホール解（**シュワルツシルド解**と呼ばれる）が得られる：

$$ds^2 = -\left(1 - \frac{r_S}{r}\right) dt^2 + \frac{dr^2}{1 - \frac{r_S}{r}} + r^2 d\Omega^2. \tag{4.4}$$

ここで，$r_S = 2G_N M$ はシュワルツシルド半径と呼ばれ，M はブラックホールの質量である．2 次元球面の微小面積要素を $d\Omega^2$ と表した．

この時空において $r = r_S$ が地平面すなわちブラックホールの表面に相当する．上記のシュワルツシルド解を見ると一見 $r = r_S$ で計量が発散し，特異的に振る舞うように見えるが，これは座標のとり方が悪いからであり，座標変換することで $r = r_S$ より先に進むことができ，時空はブラックホール内部へスムーズにつながっていることがわかる．しかしながら，$r > r_S$ にいる外部の観測者は，ブラックホール内部からのシグナルを光の速度で伝播するとしても有限時間で観測することができない．この事実は，$ds^2 = 0$ として，$t = t(r)$ の解を求めると

$$t(r) = \int_{r_S}^{r} \frac{dR}{1 - \frac{r_S}{R}} = \infty, \tag{4.5}$$

となることから明らかである．したがって地平面の内部を外部から観測することができず，ブラックホールと呼ばれる所以である．

しかしながら実は，量子効果を考慮するとブラックホールの表面から熱輻射が生じ，ブラックホール外部の観測者にその輻射が到達することがわかる．これは**ホーキング輻射**と呼ばれる．この事実を簡単に理解する方法の一つが，ユークリッド時間の経路積分を考えることである．ブラックホール時空の時間をユークリッド化 $t = -i\tau$ すると，計量は

$$ds^2 = \left(1 - \frac{r_S}{r}\right) d\tau^2 + \frac{dr^2}{1 - \frac{r_S}{r}} + r^2 d\Omega^2, \tag{4.6}$$

となる．この空間の $r = r_S$（ユークリッド化する前の地平面に相当）の近傍を考えると，計量は以下のように近似される：

$$ds^2 \simeq \left(\frac{r - r_S}{r_S}\right) d\tau^2 + \frac{dr^2}{\frac{r - r_S}{r_S}} + r_S^2 d\Omega^2. \tag{4.7}$$

したがって，この空間は，(τ, r) で表される 2 次元空間と 2 次元球面の直積で近

似できる．r の代わりに $\rho = 2r_S\sqrt{\frac{r-r_S}{r_S}}$ という座標を導入すると，その 2 次元空間の計量は，

$$ds^2 \simeq d\rho^2 + \frac{\rho^2}{4r_S^2}d\tau^2, \tag{4.8}$$

と近似できる．τ を角度方向，ρ を動径方向とする極座標と思うと，τ 座標は，周期 $\beta_{\mathrm{BH}} \equiv 4\pi r_S = 8\pi G_N M$ をもつように $\tau \sim \tau + \beta_{\mathrm{BH}}$ と同一視することになる．もし τ が β と異なる周期をもっていると，この 2 次元空間は円錐の形状となり，先端部 $\rho = 0$ が特異点となってしまうのである．空間が特異点をもたないという条件を課すことで，τ の周期が決まるのである．

さて，このユークリッド化された空間における経路積分を考えると，時間方向が周期性をもつことから，温度 $T_{\mathrm{BH}} = 1/\beta_{\mathrm{BH}}$ のカノニカル分布の経路積分とみなすことができる．カノニカル分布の分配関数の経路積分 (3.21) を思い出していただきたい．このようにして，ブラックホールの温度は

$$T_{\mathrm{BH}} = \frac{1}{8\pi G_N M}, \tag{4.9}$$

と決まるのである．これを**ホーキング温度**と呼び，ホーキング輻射の温度である．このようにブラックホールは温度をもち，熱力学の法則に従うこともわかる．熱力学の第一法則は，S をエントロピー，E をエネルギーとすると

$$TdS = dE, \tag{4.10}$$

というエネルギー保存の関係式となる．ブラックホールのエネルギー E_{BH} は質量 M に等しく，温度 T_{BH} は式 (4.9) で与えられることから，ブラックホールのエントロピーは

$$S_{\mathrm{BH}} = 4\pi G_N M^2, \tag{4.11}$$

と求まる．

この式 (4.11) は，幾何学的にも美しい形に書き換えることができる：

$$S_{\mathrm{BH}} = \frac{A_{\mathrm{BH}}}{4G_N}. \tag{4.12}$$

ここで，A_{BH} はブラックホールの地平面の面積であり，今考えているシュワルツシルド・ブラックホールでは $4\pi r_S^2$ で与えられる．この式は，一般相対論の解となる一般のブラックホールに適用できることが知られており，大変普遍的な公式であり，発見者の名前をとって**ベッケンシュタイン・ホーキング公式**と呼ばれている．本書のテーマの動機を与える極めて重要な公式である．

4.2 ホログラフィー原理

統計物理において熱力学のエントロピーは微視的な（ミクロな）状態の数を表す．巨視的な観測者はミクロな状態を識別できないので，量子系の情報をすべてつかみ取ることはできない．その際の情報の曖昧さを測る量がエントロピーであると言い換えてもよい．その意味で，ブラックホールのエントロピーはブラックホール中に隠れている微視的状態の数を表すと考えるのが自然であるだろう．この微視的な状態数を実際に計算するには，マクロな物理を記述する一般相対論ではなく，ミクロな理論が必要である．このミクロな理論が具体的に何であるのかは後述することにして，ここではそれがどのような性質をもつのか考察してみよう．

星などの物体が凝縮してブラックホールとなる過程を考えると，ブラックホールが重力理論における最大のエントロピーをもつ状態であることがわかる．その意味で，ブラックホールのエントロピー (4.12) は重力理論の空間に含まれうる最大のエントロピーと解釈できる．そこで，ブラックホールのエントロピー (4.12) が面積に比例することに着目しよう．通常の熱力学の常識からすると，この性質は驚きである．なぜならば，熱力学のエントロピーは示量的な量であり，体積に比例するからである．（重力の相互作用がない）量子多体系をミクロな理論と思うと，熱力学的エントロピーは必ず体積に比例する．この一見矛盾している状況を解決する方法が一つある．重力理論のミクロな理論を与える量子多体系は実は 1 次元低い時空に存在していると考えることである．こうすると重力理論ではエントロピーは面積に比例しているが，量子多体系ではエントロピーは体積に比例しているように見えるわけである．例えば，我々の宇宙で

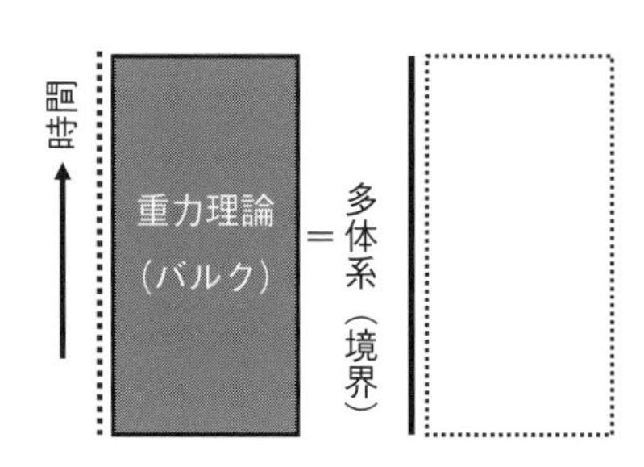

図 **4.1**　ホログラフィー原理の概念図.

ある 3＋1 次元の時空の重力理論に対応する量子多体系は 2＋1 次元ということになる.

このように $d+2$ 次元の重力理論が $d+1$ 次元の（重力相互作用がない）量子多体系に対応するという考え方を**ホログラフィー原理**と呼び，トホーフトとサスキンドによって提唱された．通常，$d+1$ 次元の量子多体系は，$d+2$ 次元の時空の境界に相当すると期待される．このとき，重力理論で記述される $d+2$ 次元の時空を**バルク**と呼ぶ（図 4.1 を参照されたい）．以上が，ホログラフィー原理のアイデアであるが，とても奇抜で発見法的な説明であり，本当にそのような対応関係が存在するのか読者もいぶかしがることだろう．しかし，次節で説明する**ゲージ重力対応**はその具体的な対応の実現例を与え，ホログラフィー原理の最も重要な証拠となるのである.

4.3　ゲージ重力対応

前述のホログラフィー原理の明確な具体例を与えたのが，1997 年にマルダセナによって発見された**ゲージ重力対応**であり，より専門的には **AdS/CFT 対応**と呼ばれる．この対応は量子重力理論の最有力候補として知られる超弦理論の解析から発見された．AdS は Anti de Sitter space（**反ドジッター時空**），CFT は Conformal Field Theory（**共形場理論**）の略である．**ゲージ重力対応**は，「$d+2$ 次元の反ドジッター時空の量子重力理論（超弦理論）は，その境界上における $d+1$ 次元共形場理論と等価である」という主張 ($\mathrm{AdS}_{d+2}/\mathrm{CFT}_{d+1}$)

である（概念図1.3を参照されたい）．ここで理論が等価とは，エントロピーや分配関数など物理量がすべて一致するという意味である．**反ドジッター時空**は宇宙定数が負のアインシュタイン方程式の解の中で最大の対称性をもつ時空である．$d+2$ 次元反ドジッター時空の計量は次で与えられる（特にポワンカレ座標と呼ばれる）：

$$ds^2 = \frac{R_{\mathrm{AdS}}^2}{z^2}\left(-dt^2 + \sum_{i=1}^{d} dx_i^2 + dz^2\right). \tag{4.13}$$

ここで，$(t, x_1, \ldots, x_d)$ は $d+1$ 次元ミンコフスキー時空の座標であり，もう一つの座標 z に計量のスケール因子が依存している．R_{AdS} は反ドジッター時空の大きさ（半径）を表す定数である．この時空は，$d+1$ 次元のローレンツ対称性や並進対称性に加え，スケール対称性

$$(z, t, x_i) \to \lambda(z, t, x_i), \tag{4.14}$$

などを有しており，すべてを含めると幾何学的対称性は $SO(2, d+1)$ で与えられる．

一方，**共形場理論**とは3.7節で説明したように長さのスケールに依存しない場の理論を意味し，言い換えると質量ゼロの粒子のみ含む場の理論である．$d+1$ 次元共形場理論はローレンツ対称性 $SO(1, d)$ を拡張した $SO(2, d+1)$ の対称性をもち，確かに反ドジッター時空の対称性と一致する．共形場理論のスケール対称性は，反ドジッター時空の (4.14) の対称性に対応する．このことから，反ドジッター時空の z の座標は，共形場理論の長さのスケールに対応することがわかる．つまり，共形場理論の高エネルギー（短波長）な励起は z が小さいところが，低エネルギー（長波長）な励起は z が大きいところが，それぞれ反ドジッター時空において変形される．

ホログラフィー原理では前述のように通常，重力理論で記述されるバルク時空の境界に対応する量子多体系が存在すると考える．バルクである反ドジッター時空の境界は $z \to 0$ の極限に相当し，その境界は $d+1$ 次元ミンコフスキー時空 $\mathrm{R}^{1,d}$ で与えられる．したがって，ポワンカレ座標 (4.13) における重力理論と対応する共形場理論は平坦な時空 $\mathrm{R}^{1,d}$ で定義されていると考えられる．しか

しながら，$z \to 0$ の極限で，計量は発散してしまうことは明らかである．これはちょうど，場の理論で紫外発散が生じることに相当している．そこで微小の長さスケール ϵ 程度の共形場理論の紫外カットオフは，反ドジッター時空では

$$z \geq \epsilon, \tag{4.15}$$

という幾何学的なカットオフと解釈できる．

AdS/CFT 対応における重力理論や共形場理論の具体的定義を明確にするには**超弦理論**の知識が必要になる．かなりアドバンストなので本書では詳細の説明を割愛するが，以下では直感的な描像を簡単に述べておく．超弦理論は量子重力理論であり，低エネルギーでは一般相対論を再現する．マルダセナは次のような考察を通してゲージ重力対応を見出した．まずブラックホールを作るためには，とても重い物体が必要である．超弦理論においてその良い候補が **D ブレイン**である．D ブレインとは，空間的に広がる膜のような形の重い物体であり，1995 年にポルチンスキーによって発見された．1 章「ゲージ重力対応と量子エンタングルメント」の項と図 1.2 を参照されたい．多数の D ブレインが重なるとその重さのせいで時空が大きく曲がる．その結果，空間的に広がるブラックホール，すなわち**ブラックブレイン**が生成される．このときに，超弦理論を用いてブラックブレイン近傍の計量を計算すると，反ドジッター時空となっていることがわかる．

一方，D ブレインの立場で考えると，ブラックブレイン近傍に注目することは低エネルギー極限に相当する．このときには重力は小さく無視でき，D ブレインの集合は量子多体系とみなせる．特に N 枚の D ブレインが重なっている場合は，電磁気理論の電場や磁場を $N \times N$ の行列値をとるように拡張したような理論である．このような理論を専門的には **$SU(N)$ ゲージ理論**と呼ぶ．

さてこのように，「反ドジッター時空の超弦理論（重力理論）」と「D ブレインの量子多体系」という二つの見方が得られる．しかしながら，これらはまったく同じ対象物を表しており，両者が等価であることから，上記のゲージ重力対応が発見された．現在でもゲージ重力対応の厳密な証明は存在しないが，これまでに非常に多くの証拠が見つかっているので，正しいものと多くの研究者に考えられている．

このようにゲージ重力対応は一見異なる二つの理論が等価であるという主張であるが，片側の理論の相互作用が強くなるときには，対応するもう片方の理論は相互作用が弱くなるという興味深い性質をもっている．共形場理論（ゲージ理論）にはパラメータが 2 種類あり，相互作用の**結合定数** λ と，**行列のサイズ** N である．λ が大きい場合は対応する反ドジッター時空の半径 R_{AdS} が大きくなり，超弦理論特有の量子補正を無視できる．また行列のサイズ N が大きい場合は，重力理論のプランク定数が小さくなり，量子重力の効果を無視できる．そこで両者とも大きい場合（強結合でラージ N の共形場理論）を考えると，超弦理論の量子効果をすべて無視でき，一般相対論とみなすことができる．そのような理論は，実際にはスカラー場やフェルミオン場など物質場を多数含む一般相対論となっており，超対称性と呼ばれるボソンとフェルミオンを入れ換える対称性を有することから**超重力理論**と呼ばれる．本書では以後，超弦理論を一般相対論（超重力理論）で近似できる場合に限って，ゲージ重力対応と量子エンタングルメントの関係を説明することにする．

最後に，ゲージ重力対応は，より一般の時空に対しても成り立つことにも触れておきたい．計量が，$z \to 0$ で反ドジッター時空 (4.13) に近づく時空を**漸近的反ドジッター時空**と呼ぶ．このような漸近的反ドジッター時空に対してもゲージ重力対応は適用でき，一般に，そのような時空は，共形場理論の変形や励起状態に相当する．その中でも最も重要な例が，**反ドジッター・ブラックホール時空**であり，有限温度の共形場理論に相当する．この反ドジッター・ブラックホールの計量は，

$$
\begin{aligned}
ds^2 &= \frac{R_{\mathrm{AdS}}^2}{z^2}\left(-f(z)dt^2 + \sum_{i=1}^{d} dx_i^2 + \frac{dz^2}{f(z)}\right), \\
f(z) &= 1 - \left(\frac{4\pi z}{(d+1)\beta}\right)^{d+1},
\end{aligned}
\tag{4.16}
$$

で与えられる．ここで，$T = 1/\beta$ はブラックホールの温度であり，ゲージ重力対応を通じ，共形場理論の温度と等しい．前に説明したように，上記の解をユークリッド化した空間はブラックホールの地平面 $z = \frac{d+1}{4\pi}\beta$ において，スムーズな空間となっている．また，このブラックホールのエントロピーも面積公式 (4.12) で与えられ，有限温度の共形場理論の熱力学的エントロピーと等しくなる．こ

のようにして，ホログラフィー原理のもともとの動機であるブラックホールのエントロピーが面積に比例するという一見不思議な性質が，ゲージ重力対応を通じて，1次元低い量子系の熱力学的エントロピーを用いて明快に説明されるのである．

4.4　エンタングルメント・エントロピーの計算公式

ゲージ重力対応は，前述のように，重力理論とその境界にあると考えられる共形場理論との等価性を意味するが，大変不思議な現象である．この対応関係を掘り下げるために，空間を分割して考えてみよう．共形場理論が定義されている $d+1$ 次元時空 $\mathrm{R}^{1,d}$ の時間一定面 $t=0$ である d 次元空間 R^d を領域 A とそれ以外（B と呼ぼう）に分割する．このときに，基本的な問いとして「反ドジッター時空のどの領域が共形場理論の領域 A の情報に対応しているのか」考えてみよう．「情報の対応」というのは漠然としているので，「情報の定量化」を考えてみよう．領域 A のみにアクセスできる観測者を考える．量子多体系の立場で考えると，系全体ではもともと共形場理論の基底状態という純粋状態として一意的に確定した状態であったが，B が観測できないことから，A の観測者の立場では縮約密度行列 ρ_A という混合状態となる．このとき，B を観測できないことによって生じる情報の不確定さ，言い換えると B の情報量は**エンタングルメント・エントロピー**，すなわち ρ_A のフォン・ノイマン・エントロピー (2.24) で与えられる．

このようにして，エンタングルメント・エントロピー S_A をゲージ重力対応で計算することに思い至る．さらに B が観測できないことから生じる情報の不確定さ，というのはブラックホールの内部が外側から観測できない現象と類似している．このような考察から笠と本書の著者である高柳は，

$$S_A = \frac{A(\Gamma_A)}{4G_N}, \tag{4.17}$$

というエンタングルメント・エントロピーをゲージ重力対応を用いて計算する公式（**笠–高柳公式**と呼ばれる）を提案した (Ryu-Takayanagi, Phys.Rev.Lett.

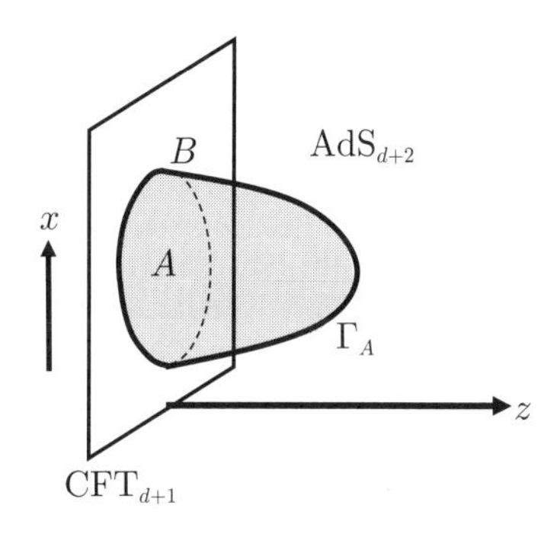

図 4.2 ゲージ重力対応（AdS/CFT 対応）におけるエンタングルメント・エントロピーの計算.

96 (2006) 181602，図 4.2 を参照されたい）．$A(\Gamma_A)$ は d 次元曲面 Γ_A の面積を表す．Γ_A は $d+2$ 次元反ドジッター時空における d 次元曲面であり，特にその境界 $\partial\Gamma_A$ が A の境界 ∂A に一致するものの中で面積を最小にする曲面（**極小曲面**）である．もっと正確にはさらに，Γ_A と A が数学のホモロジーの意味で同値な曲面になっているという条件を課す．すぐ後で説明するように，この公式はブラックホールのエントロピー公式 (4.12) を大幅に一般化した公式と解釈することができる．ゲージ重力対応の基礎原理からの導出は後で説明する．

まずこの公式 (4.17) が，エンタングルメント・エントロピーの基本的な性質を満たしていることを確かめてみよう．系全体が純粋状態の場合は，式 (2.26) のように $S_A = S_B$ が成り立つ．実際に，反ドジッター時空は共形場理論の基底状態に相当するが，(4.17) の公式を用いると確かに，S_A と S_B に対応する極小曲面が $\Gamma_A = \Gamma_B$ と一致し，$S_A = S_B$ となることは明らかである．

一方で全体の系が混合状態の場合はどのようになるであろうか．混合状態の良い例が有限温度状態である．有限温度の共形場理論は，反ドジッター時空におけるブラックホールに対応する．後者のブラックホールの温度やエントロピーは前者のものと一致する．このときに極小曲面を考えると図 4.3 の左図のように，ブラックホールの地平面 Σ_{BH} が中心にあり，障害となるために一般に $\Gamma_A \neq \Gamma_B$ となる．したがって $S_A \neq S_B$ となり，知られている一般的性質に適合する．また，領域 A が B に比べてとても小さい場合は，図 4.3 の右図のように，Γ_B は二つの曲面 Γ_A と Σ_{BH} の和に等しくなる．このことから，領域 A の大きさがゼ

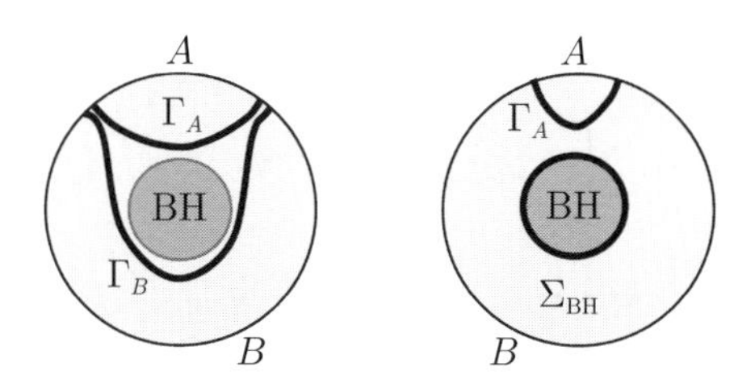

図 4.3　ゲージ重力対応を用いたエンタングルメント・エントロピーとブラックホール．

ロとなり B が全領域に等しくなる場合には，$\Gamma_B = \Sigma_{\mathrm{BH}}$ となる．したがって，このとき $S_B = A_{\mathrm{BH}}/4G_N$ とブラックホールのエントロピー (4.12) に等しくなる．このように，公式 (4.17) はブラックホールのエントロピー公式の一般化と考えることができる．

量子状態によらずエンタングルメント・エントロピーに対して一般的に成り立つ性質として，強劣加法性の不等式 (2.30) がある．面白いことに，公式 (4.17) を用いると幾何学的に簡単にこの不等式を証明することができる（図 4.4 を参照されたい）．

同様の幾何学的な論法で，系を A, B, C, D と四つに分けた場合には次の不等式

$$S_A + S_B + S_C - S_{AB} - S_{BC} - S_{CA} + S_{ABC} \leq 0, \tag{4.18}$$

を導くことができる．しかしながら，この不等式は一般の量子系では成立しな

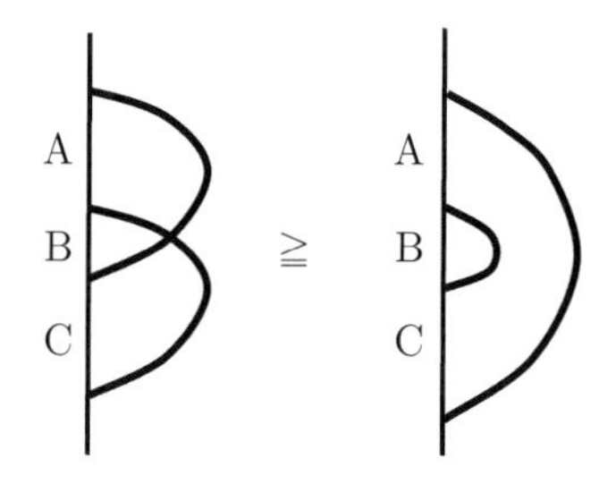

図 4.4　ゲージ重力対応を用いた強劣加法性の証明．左図の曲面の面積の和は，$A(\Gamma_{AB}) + A(\Gamma_{BC})$ に等しく，$4G_N$ で割ると $S_{AB} + S_{BC}$ を与える．一方，右図の曲面の面積の和は，$A(\Gamma_B) + A(\Gamma_{ABC})$ に等しく，$4G_N$ で割ると $S_B + S_{ABC}$ を与える．前者の面積和の方が後者より大きいのは Γ_B と Γ_{ABC} が面積を最小にする極小曲面であることから明らかであり，不等式 (2.30) が導かれる．

いことが知られており，古典重力理論のゲージ重力対応が適用できる共形場理論，つまり強結合ラージ N の共形場理論に特有の性質と考えられる．

場の理論のエンタングルメント・エントロピーに共通の性質として面積則 (3.16) があった．この性質も公式 (4.17) から直ちに従う．これを見るには，共形場理論の紫外カットオフが，反ドジッター時空の幾何学的カットオフに式 (4.15) のように対応することを思い出そう．極小曲面は，境界近傍 $z \sim \epsilon$ では，ほぼ垂直に境界と ∂A に沿って交わるので（図 4.2 参照），エンタングルメント・エントロピーは

$$S_A = \frac{R_{\mathrm{AdS}}^d}{4G_N}\int_\epsilon \frac{dzd^dx}{z^d} \sim \frac{R_{\mathrm{AdS}}^d}{G_N}\cdot\frac{A(\partial A)}{\epsilon^{d-1}}, \tag{4.19}$$

と見積もることができ，確かに面積則を再現している．ここで，係数 $\frac{R_{\mathrm{AdS}}^d}{G_N}$ は，共形場理論の自由度に比例する定数であり，$d+1$ が偶数の場合は共形場理論の中心電荷に比例することが知られている．

前述の公式 (4.17) は，反ドジッター時空を時間に依存しないように変形した空間（静的な変形）に対して適用できる．後者の例として，すでに述べた反ドジッター時空中の静的ブラックホール解が挙げられる．このように時間に依存しない場合は，$t=0$ の時間一定面をとることができ，その面の中で面積を最小にすることで Γ_A が求まる．一方，反ドジッター時空において例えばブラックホールが生成される過程のように**時間に依存する重力解**を対象とする場合には，時間一定面をどのようにとるべきか困ってしまう．そのような場合は，時空全体を考え，曲面の面積を最小にするのではなく，変分したときに極値をとる曲面（**極値曲面**と呼ばれる）を Γ_A として (4.17) の式を用いてエンタングルメント・エントロピーを計算すればよい．この計算公式は，**HRT** 公式と呼ばれている (Hubeny-Rangamani-Takayanagi, JHEP **07** (2007) 062)．このとき，時間方向に変形すると面積が極大に，空間方向に変形すると極小になるように Γ_A を選ぶことになる．

4.5 2次元共形場理論に対するゲージ重力対応の場合

ゲージ重力対応で，特に $d=1$ の場合 ($\mathrm{AdS}_3/\mathrm{CFT}_2$) を考えると2次元共形場理論の計算に対応する．この場合のエンタングルメント・エントロピーの計算を考えてみよう．部分系 A を線分 $-l/2 \leq x \leq l/2$ に選ぼう．このときに，極小曲面 Γ_A は1次元の曲線なので，反ドジッター時空の時間一定面 $t=0$ 上で $x=l/2$ と $x=-l/2$ を結ぶ測地線となる．反ドジッター時空特有の性質としてこの測地線は半円

$$x = \sqrt{\frac{l^2}{4} - z^2}, \tag{4.20}$$

で与えられる．この事実の導出はすぐ後の4.7節で説明する．この測地線の計量は

$$ds^2 = R_{\mathrm{AdS}}^2 \frac{l^2 dz^2}{z^2(l^2 - 4z^2)}, \tag{4.21}$$

と書けるので，測地線の長さ，すなわち $A(\Gamma_A)$ は次のように計算できる：

$$A(\Gamma_A) = 2R_{\mathrm{AdS}} \int_{\epsilon}^{l/2} \frac{l dz}{2z\sqrt{\frac{l^2}{4} - z^2}} = 2R_{\mathrm{AdS}} \log \frac{l}{\epsilon}. \tag{4.22}$$

この長さは反ドジッター時空の半径 R_{AdS} に比例しているが，対応する2次元共形場理論の中心電荷を c とすると，

$$c = \frac{3R_{\mathrm{AdS}}}{2G_N}, \tag{4.23}$$

の対応関係が成り立つことがよく知られている．反ドジッター時空の大きさに2次元共形場理論の自由度が比例することを意味しており，直感的にも自然であろう．最終的にエンタングルメント・エントロピーは公式 (4.17) に従って，

$$S_A = \frac{R_{\mathrm{AdS}}}{2G_N} \log \frac{l}{\epsilon} = \frac{c}{3} \log \frac{l}{\epsilon}, \tag{4.24}$$

と計算されるが，前章で2次元共形場理論から直接計算した結果 (3.42) を確かに再現している．

4.6 笠–高柳公式のゲージ重力対応からの導出

ゲージ重力対応において物理量の対応法則は**バルク・境界対応**と呼ばれる．バルクは重力理論で記述される内部時空（反ドジッター時空）を意味するが，その境界にゲージ理論が存在すると考え，両者が等価であるという予想がゲージ重力対応であった．このとき，バルク・境界対応の法則は極めてシンプルなもので，重力理論の分配関数と共形場理論の分配関数が一致することである：

$$Z_{\text{重力}} = Z_{\text{共形場理論}}. \tag{4.25}$$

例えば反ドジッター時空のブラックホールは有限温度の共形場理論に対応するが，公式 (4.25) は両者の自由エネルギーが等しいことを意味する．また温度で微分すれば，反ドジッター時空のブラックホールのエントロピーが共形場理論の熱力学的エントロピーと等しいことが導かれる．

さらに笠–高柳公式 (4.17) もこの対応法則から導くことができる．3.6 節で説明したレプリカ法によるエンタングルメント・エントロピーの計算を思い出そう．共形場理論としてユークリッド化された場合を考えるので，反ドジッター時空も $t \to -i\tau$ とユークリッド化する．まず $\mathrm{Tr}\,\rho_A^n$ は部分系 A の境界 ∂A の周りの角度の周期を $2\pi n$ にとることに相当する．この場合に ∂A は損失角 $2\pi(1-n)$ の特異的な $d-1$ 次元曲面となる．この特異的な曲面が反ドジッター時空の境界にある場合に，アインシュタイン方程式 (4.1) を解くことで，共形場理論のレプリカ $\mathrm{Tr}\,\rho_A^n$ と対応する重力理論の解が求まる．この解を一般に求めるのは難しいので，簡単な近似を行うことにする．この近似解として，特異的な曲面 ∂A を反ドジッター時空の境界から内部に 1 次元拡張して，損失角 $2\pi(1-n)$ の特異的な d 次元曲面 Γ_A を考える．このときに，Γ_A の近傍のスカラー曲率には，

$$R = 4\pi(1-n)\delta(\Gamma_A) + \cdots, \tag{4.26}$$

のように Γ_A に局在して δ 関数の発散が生じる．上式で省略した項はこの発散を除いた有限項で，$1-n$ に比例しないので最終的なエンタングルメント・エン

トロピーに寄与しない．

今は古典的な重力理論（一般相対論）を考えているので，分配関数 $Z_{\text{重力}}$ は，重力理論の作用（アインシュタイン・ヒルベルト作用）$I_{\text{重力}}$ を用いて，

$$Z_{\text{重力}} = e^{-I_{\text{重力}}}, \tag{4.27}$$

と表される．作用 $I_{\text{重力}}$ は，

$$I_{\text{重力}} = -\frac{1}{16\pi G_N}\int \sqrt{g}(R-2\Lambda)+\cdots, \tag{4.28}$$

と表され，変分して運動方程式を求めるとアインシュタイン方程式 (4.1) が得られる．ここで省略した項は，物質場の寄与を表すが，エンタングルメント・エントロピーの計算には効かない．この作用をレプリカの背景 (4.26) で評価して $n-1$ に比例する項のみ取り出すと

$$I_{\text{重力}} = \frac{n-1}{4G_N}\int_{\Gamma_A}\sqrt{g} = (n-1)\frac{A(\Gamma_A)}{4G_N}, \tag{4.29}$$

となる．したがって，エンタングルメント・エントロピーは

$$S_A = -\frac{\partial}{\partial n}\log Z_{\text{重力}}\bigg|_{n=1} = \frac{\partial}{\partial n}I_{\text{重力}}\bigg|_{n=1} = \frac{A(\Gamma_A)}{4G_N}, \tag{4.30}$$

と計算される．しかし，境界で ∂A と一致するという条件は課しているが，Γ_A の選び方をまだ特定していなかった．これはまだアインシュタイン方程式を課していないからである．作用 $I_{\text{重力}}$ の変分がゼロになる条件は，式 (4.29) を考慮すると，曲面 Γ_A を変形したときに，面積 $A(\Gamma_A)$ の変分がゼロになるという条件に相当する．したがって，アインシュタイン方程式から Γ_A が極小曲面であるという条件が得られる．このようにして，バルク境界対応 (4.25) から，笠–高柳公式 (4.17) が導かれる．

上記の導出では，レプリカの重力解を「特異的な曲面 Γ_A が反ドジッター時空に存在する空間」で近似している．しかしながら，空間に特異点が存在すると古典的な重力理論（一般相対論）の取り扱いが破綻するので，特異的な曲面

の存在は許されず，正しい重力解はスムーズな空間になるはずである．$n-1$ が小さいときには，真の解と上記の特異的な解の計量の値の差は $n-1$ に比例するはずである．しかし，$n=1$ では特異性が消え，もとの反ドジッター時空に帰着し，アインシュタイン方程式を満たしている．つまり，$n=1$ では重力の作用 $I_{\text{重力}}$ の変分は消えているので，真の解と特異的な解のそれぞれで $I_{\text{重力}}$ を計算したときの差は，$n-1$ の 2 乗に比例しているはずである．したがって，この差はエンタングルメント・エントロピーの計算 (4.30) においては，相違を生じさせないのである．このように特異的曲面で近似しても正しいエンタングルメント・エントロピーを与えるのである．

4.7 高次元のゲージ重力対応の場合

ホログラフィック・エンタングルメント・エントロピーの一般的な導出は前章で説明したが，この量の直感的なイメージをより深めるために，高次元の共形場理論に対して基本的な計算例を紹介しよう．平坦な時空における $d+1$ 次元の共形場理論の基底状態はポワンカレ座標の反ドジッター時空 (4.13) に対応するが，このときに部分系 A を次のような帯状領域に選ぼう（時刻は $t=0$ に固定する）：

$$A: \quad -\frac{l}{2} \leq x_1 \leq \frac{l}{2}, \quad -L/2 \leq x_2, x_3, \ldots, x_d \leq L/2. \tag{4.31}$$

ここで，$L \to \infty$ の極限をとる．一方 l は有限で，帯の幅を表す．

この部分系 A に対応する極小曲面 Γ_A を $z=z(x_1)$ と表すことにする．Γ_A の面積は

$$R_{\text{AdS}}^d L^{d-1} \int_{-l/2}^{l/2} \frac{dx_1}{z^d} \sqrt{1+\left(\frac{dz}{dx_1}\right)^2}, \tag{4.32}$$

と表される．面積が極小である条件は，上式を微小変分をゼロとおくことで求められ，二階の微分方程式が得られる．z を座標，x_1 を時間と解釈すると古典力学の運動方程式と同じである．しかし，今の場合はラグランジアンが時間に

依存しない場合に相当するのでハミルトニアンが一定となる．この事実を利用すると一階の微分方程式

$$\frac{dz}{dx_1} = \frac{\sqrt{z_*^{2d} - z^{2d}}}{z^d}, \tag{4.33}$$

を得る．ここで z_* は積分定数であり，極小曲面 Γ_A の上で z が最大値をとる点に相当する．特に 2 次元共形場理論，すなわち $d=1$ の場合，を考えると Γ_A が半円 (4.20) となることが上式を積分することで簡単に説明できる．

この式を積分すると幅 l と z_* の関係

$$\frac{l}{2} = \int_0^{z_*} dz \frac{z^d}{\sqrt{z_*^{2d} - z^{2d}}} = \frac{\sqrt{\pi}\Gamma\left(\frac{d+1}{2d}\right)}{\Gamma\left(\frac{1}{2d}\right)} z_*, \tag{4.34}$$

が得られる．

またこの極小曲面の面積は式 (4.33) を (4.32) に代入し，x_1 の積分を $z=\epsilon$ から $z=z_*$ までの z の積分に書き換えることで，

$$A(\Gamma_A) = \frac{2R_{\mathrm{AdS}}^d}{d-1}\frac{L^{d-1}}{\epsilon^{d-1}} - 2fR_{\mathrm{AdS}}^d \frac{L^{d-1}}{z_*^{d-1}}, \tag{4.35}$$

と計算される．ここで正の定数 f は以下で与えられる：

$$f = \frac{1}{d-1} - \int_0^1 \frac{dy}{y^d}\left[\frac{1}{\sqrt{1-y^{2d}}} - 1\right] = -\frac{\sqrt{\pi}\Gamma\left(\frac{1-d}{2d}\right)}{2d\Gamma\left(\frac{1}{2d}\right)} > 0. \tag{4.36}$$

最後に，(4.34) を代入することでホログラフィック・エンタングルメント・エントロピーは次のように求まる：

$$S_A = \frac{R_{\mathrm{AdS}}^d}{4G_N}\left[\frac{2}{d-1}\frac{L^{d-1}}{\epsilon^{d-1}} - \frac{2^d\pi^{d/2}}{d-1}\left(\frac{\Gamma\left(\frac{d+1}{2d}\right)}{\Gamma\left(\frac{1}{2d}\right)}\right)^d \frac{L^{d-1}}{l^{d-1}}\right]. \tag{4.37}$$

右辺の最初の項が面積則による発散項で，第二項が有限の寄与を与える．この有限の項は紫外カットオフに依存しないので，係数を含めて場の理論の計算に対する予言を与える．またこの量は，すでに前に述べたように場の理論の自由度に相当する量 $\frac{R_{\mathrm{AdS}}^d}{G_N}$ に比例していることに注意．

一般にホログラフィック・エンタングルメント・エントロピーは面積則の発

散項から始まり，より低次の発散項が現れ，最後に有限項で終わるという形になる．上記の例は，帯状というとてもシンプルな部分系の形を考えているので，低次の発散項が存在しないのである．

4.8 第一法則とアインシュタイン方程式

ゲージ重力対応においてエンタングルメント・エントロピーが極小曲面の面積に等しいことを説明した．逆に見ると，共形場理論が与えられたときに，そのエンタングルメント・エントロピー S_A を様々な領域 A に関して計算できたとすると，対応する重力理論の時空の計量を計算できると考えるのは自然であろう．基底状態（真空状態）の共形場理論では状態は時間変化せず，対応する重力理論の時空の計量も一定であるが，一般の励起状態では時間に依存した計量が得られるはずである．このとき，重力理論のダイナミクスはアインシュタイン方程式によって決定されるが，共形場理論の立場ではどのような方程式になるのであろうか．まず，アインシュタイン方程式から極小曲面の面積が満たすべき方程式を求めれば共形場理論のエンタングルメント・エントロピーが満たすべき方程式が得られるはずである．

一般にこの計算を行うのは技術的に煩雑であるので，特に小さな励起状態を考え，対応する重力理論の時空が，反ドジッター時空の計量に小さな摂動 $\delta G_{\mu\nu}$ を加えたものとみなせる場合を解析する．具体例として $d = 2$ すなわち 4 次元反ドジッター時空と 3 次元共形場理論の対応を取りあげる．部分系 A を時刻 t における点 (x_1, x_2) を中心とする半径 l の円盤とする．このとき，共形場理論のエンタングルメント・エントロピーが基底状態からの微小な励起で ΔS_A だけ変化したとすると，アインシュタイン方程式はゲージ重力対応における笠–高柳公式 (4.17) を通じて，次の方程式に従うことが示せる (Bhattacharya *et.al.* JHEP **1310** (2013) 219)：

$$\left[\frac{\partial^2}{\partial l^2} - \frac{1}{l}\frac{\partial}{\partial l} - \frac{3}{l^2} - \frac{\partial^2}{\partial x_1^2} - \frac{\partial^2}{\partial x_2^2}\right]\Delta S_A = 0. \qquad (4.38)$$

では，いわば，エンタングルメント・エントロピーに対するアインシュタイン方程式とも呼べるこの式は，共形場理論のダイナミクスとどう関係しているのであろうか．

その鍵となる性質が，**エンタングルメント・エントロピーの第一法則**である．これは熱力学の第一法則 (4.10) と類似して，エンタングルメント・エントロピーの微小増加とエネルギーに関係する量の微小増加が等しいという法則であり，

$$\Delta S_A = \Delta\langle H_A\rangle, \tag{4.39}$$

と書かれる．H_A は**モジュラーハミルトニアン**と呼ばれ，縮約密度行列から

$$H_A = -\log\rho_A, \tag{4.40}$$

と定義される．式 (4.39) 右辺の $\langle H_A\rangle$ は，このモジュラーハミルトニアンの期待値である．共形場理論の場合は，基底状態の小さな励起に対して

$$\langle H_A\rangle \simeq 2\pi\int_{x_1^2+x_2^2\le l^2} dx_1 dx_2 \left(\frac{l^2-(x_1^2+x_2^2)}{2l}\right) T_{tt}(t,x_1,x_2), \tag{4.41}$$

とエネルギー運動量テンソルの時間成分 T_{tt}，すなわちエネルギー密度の積分で表される (Blanco *et.al.* JHEP **1308** (2013) 060).

したがって，共形場理論のエンタングルメント・エントロピーの増分は第一法則 (4.39) に従って，式 (4.41) で与えられるが，このように計算された ΔS_A が式 (4.38) を満たすことを示すことができるのである．興味深いことに，エンタングルメント・エントロピーの第一法則からアインシュタイン方程式のすべての成分を導出することもできる (Lashkari *et.al.* JHEP **1404** (2014) 195). つまり，ゲージ重力対応において共形場理論のエンタングルメント・エントロピーの第一法則と重力理論のアインシュタイン方程式（の摂動部分）が等価になる．このようにして，重力理論のダイナミクスは共形場理論のエンタングルメント・エントロピーのダイナミクスと解釈することができるのである．計量のより高次の摂動に対してもアインシュタイン方程式がエンタングルメント・エントロピーのダイナミクスから導出されることも最近の研究でわかってきている (Sárosi-Ugajin, JHEP **01** (2018) 012, Faulkner *et.al.* JHEP **08** (2017) 057).

第5章 ホログラフィック・エンタングルメントの最近の発展

これまでは，重力理論が古典重力（一般相対論）で近似できる場合のゲージ重力対応を考え，それを用いたホログラフィック・エンタングルメントの計算について説明してきた．この近似は共形場理論のラージ N 極限（ここで N はゲージ理論の行列のサイズであることを思い出そう）かつ強結合極限をとることに相当する．しかし一般には量子効果によって古典重力近似からのズレが生じ，これは共形場理論の言葉に翻訳すると $1/N$ 補正に相当する．そこで，ここではホログラフィック・エンタングルメントの量子補正についての最近の研究を紹介したい．この研究の副産物として，**エンタングルメント・ウェッジ**というゲージ重力対応の基礎的な仕組みが見出された．これについても説明したい．

5.1 ホログラフィック・エンタングルメントの量子補正

ゲージ重力対応によるエンタングルメント・エントロピーの計算において古典重力近似では笠–高柳公式 (4.17) で与えられる．これは重力定数 G_N に関して $O(G_N^{-1})$ の項に相当する．一般に量子補正は，G_N が小さいときには摂動的に $O(G_N^0)+O(G_N)+\cdots$ のように生じる．これは重力理論の作用 (4.3) が $O(G_N^{-1})$ となっているので G_N とプランク定数 $\hbar$ は同じ依存性をもつことに着目すると理解しやすいであろう．特に $O(G_N^0)$ の項については，4.6 節の導出を拡張することで求めることができる．この導出において，共形場理論のレプリカ法におけるエンタングルメント・エントロピーは，バルクの重力理論のレプリカ法に対応することを思い出そう．したがって，バルクのエンタングルメント・エントロピーが寄与するはずである．これは重力理論を場の理論と見たときにワン

ループ (one-loop) の寄与に相当するので $O(G_N^0)$ の寄与となる．しかし重力理論では興味深いことに $O(G_N^{-1})$ の寄与 (4.17) が存在するので，補正項という扱いになるのである．このように考えると，ゲージ重力対応において領域 A のエンタングルメント・エントロピーは

$$S_A = \frac{A(\Gamma_A)}{4G_N} + S^{\mathrm{bulk}}_{M_A} + O(G_N). \tag{5.1}$$

と書けることがわかる (Faulkner-Lewkowycz-Maldacena, JHEP **1311** (2013) 074)．ここで，$S^{\mathrm{bulk}}_{M_A}$ は反ドジッター時空の重力理論を自由場の理論として量子化した場合（言い換えるとワンループの寄与のみ考えた場合）のエンタングルメント・エントロピーである．空間 M_A は，反ドジッター時空の時間一定面において A と極小曲面 Γ_A に囲まれた領域で，**エンタングルメント・ウェッジ**と呼ばれる．図 5.1 の一番上の図として描かれているので参照されたい．

さて，エンタングルメント・エントロピーは，式 (4.40) のように定義されるモジュラー・ハミルトニアンの期待値とみなすことができることを思い出そう．共形場理論のモジュラー・ハミルトニアンをこれまでどおり H_A と書き，バル

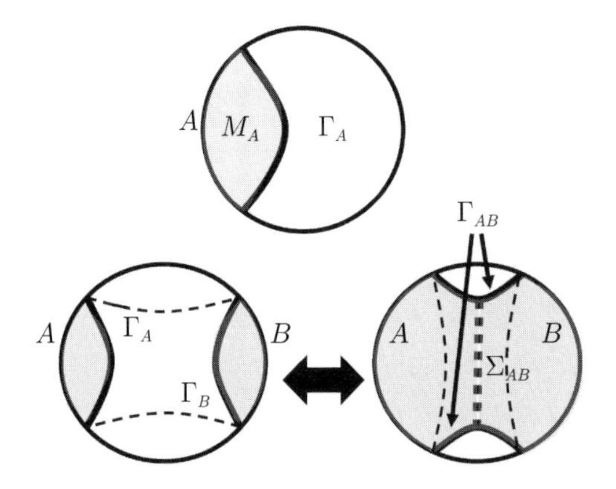

図 5.1　エンタングルメント・ウェッジのスケッチ．円板が反ドジッター時空の時間一定面であり，その境界の円が共形場理論が定義されている空間である．上図は部分系 A が線分 A の場合．下図は部分系 A が二つの線分の和 $A \cup B$ で与えられる場合．左下図では，エンタングルメント・ウェッジが非連結であるが，右下図では連結となっている．右下図では，エンタングルメント・ウェッジを二つに分け最小の面積をもつ曲面 Σ_{AB} が太点線で描かれている．

クの重力理論のモジュラー・ハミルトニアンを $H_{M_A}^{\mathrm{bulk}}$ と書くことにしよう．このときに，ホログラフィック・エンタングルメント・エントロピーの量子補正が入った公式 (5.1) を用いると

$$H_A = \frac{\hat{A}}{4G_N} + H_{M_A}^{\mathrm{bulk}}, \tag{5.2}$$

という関係式が得られる．ここで，$\hat{A}$ は極小曲面 Γ_A の面積を求める重力理論の演算子である．領域 A の情報はすべて ρ_A に，したがって H_A に含まれているが，公式 (5.2) の第二項に注目すると，それは反ドジッター時空の部分領域 M_A の情報に対応していることがわかる．第一項の面積項は古典重力近似でも存在するが，これは反ドジッター時空の時間一定面を M_A とその補集合 M_B に分けた場合に，実はその境界である Γ_A に非常に多くの（つまり $e^{\frac{A(\Gamma_A)}{4G_N}}$ の）自由度が隠れていると解釈できる．このような自由度は，量子ホール効果などのトポロジカル相の物理現象とのアナロジーから，**重力のエッジモード**と最近呼ばれている．このエッジモードはブラックホールのエントロピーやホログラフィック・エンタングルメント・エントロピーの主要項を与えるので極めて重要であるにもかかわらず，その起源の根源的な理解には現在でも至っていない．ゲージ重力対応を用いるとそのような寄与が存在するのは明らかであるが，最終的には重力理論の立場で説明が与えられるべき対象である．量子重力理論における最先端の問題の一つとなっている．

量子状態が ρ と ρ' のように二つ与えられたとき，その状態がどの程度離れているか測る量の代表の一つが相対エントロピーで

$$S(\rho|\rho') = \mathrm{Tr}\,[\rho(\log\rho - \log\rho')], \tag{5.3}$$

と定義される．特に，ρ と ρ' として領域 A の縮約された二つの密度行列 ρ_A と ρ'_A をとることにする．重力理論の二つの異なる低エネルギー励起がこの二つの状態に相当するとしよう．これは，公式 (5.2) は重力理論の摂動展開を仮定しておりワンループ量子効果のみ取り入れているため，大きく異なる二つの励起状態を考えると，重力理論の時空が大きく異なってしまい，両者を比較することができないからである．このときに，(5.2) を用いることで次の等式を導くこ

とができる (Jafferis *et.al.* JHEP **1606** (2016) 004)：

$$S(\rho_A|\rho'_A) = S(\rho^{\mathrm{bulk}}_{M_A}|\rho'^{\mathrm{bulk}}_{M_A}). \tag{5.4}$$

つまり，バルク重力理論の相対エントロピーと共形場理論の相対エントロピーが縮約密度行列に対して等しくなるのである．このことからも共形場理論の領域 A の情報がバルクの M_A の情報に対応することがわかる．

5.2 エンタングルメント・ウェッジ

このように公式 (5.2) や (5.4) からわかるように，共形場理論の領域 A の情報を表す ρ_A は，重力理論の**エンタングルメント・ウェッジ** M_A における情報 $\rho^{\mathrm{bulk}}_{M_A}$ に対応する．これはゲージ重力対応において，共形場理論の部分領域 A は，重力理論の部分領域 M_A に対応するという基本的な対応原理を与える．ただし今は，反ドジッター時空のように時間に依存しない背景を仮定しており，より一般に反ドジッター時空中のブラックホール生成過程のような時間に依存する背景を扱う場合は，以下のように時間軸を含むように定義する．$d+2$ 次元の反ドジッター空間内で A と Γ_A を境界にもつ任意の $d+1$ 次元空間的曲面を M_A と書くと，**共変的なエンタングルメント・ウェッジ** $\tilde{M}_A$ は，M_A に因果的に完全に依存する領域 (domain of dependence) として定義される．

さて時間に依存しない背景に戻り，より非自明なエンタングルメント・ウェッジの例として共形場理論の部分系が A と B の二つの非連結な領域で与えられる場合の縮約密度行列 ρ_{AB} を考えてみよう．図 5.1 の下にある二つの状況が起こりうる．A と B が系全体のサイズと比較して小さく，互いに離れて位置している場合は，S_A と S_B に対応する極小曲面 Γ_A と Γ_B の面積の合計の方が，A と B とをつなぐ極小曲面 (左下図で点線で描かれている) の面積よりも小さい．したがって，S_{AB} に対応する極小曲面は前者すなわち，$\Gamma_A \cup \Gamma_B$ で与えられる．この場合は，AB に対するエンタングルメント・ウェッジ M_{AB} は，M_A と M_B の和で与えられ，したがって非連結である．

一方，A と B のサイズが大きく，近接している場合は，A と B をつなぐ極小曲面の方が面積が小さくなり，S_{AB} はこの曲面 Γ_{AB} の面積で与えられる．このときは，エンタングルメント・ウェッジ M_{AB} は，A と B と Γ_{AB} で囲まれる領域（図 5.1 右下図参照）で与えられ，連結している．このように一般にエンタングルメント・ウェッジのトポロジーは，部分系の形を連続変形した場合に不連続に変わるという，相転移に類似した現象が起こる．

この相転移は式 (2.32) で導入した相互情報量を用いると，$I(A:B)=0$ が非連結な場合，$I(A:B)>0$ が連結な場合に対応することがわかる．ただし，非連結な場合に $I(A:B)=0$ というのは古典重力理論の近似（つまり $O(G_N^{-1})$ と振る舞う寄与のみ考える近似）でゼロという意味で，共形場理論の $1/N$ 補正に相当する重力理論の量子効果を取り入れると一般に正の値をとる．これは，共形場理論において部分系 A と B の間にはそれらが互いに離れている場合でも相関は存在するはずなので当然である．

5.3 エンタングルメント・ウェッジの共形場理論からの導出

次に，具体的に共形場理論の計算でエンタングルメント・ウェッジの存在を確かめてみたい．計算を簡単にするために，2 次元共形場理論を例にとる．2 次元ユークリッド空間の座標を (τ,x) と表す．このとき，ユークリッド空間 R^2 のある点 (τ,x) に演算子 O を挿入した励起状態 $|\Psi(\tau,x)\rangle$；

$$|\Psi(\tau,x)\rangle=\mathcal{N}\cdot O(\tau,x)|0\rangle, \tag{5.5}$$

を考えよう．ここで，$\mathcal{N}$ は規格化因子である．部分系 A の縮約密度行列を以下のように定義する（A 以外の空間領域（補空間）を B とする）：

$$\rho_A(\tau,x)=\mathrm{Tr}_B\left[|\Psi(\tau,x)\rangle\langle\Psi(\tau,x)|\right]. \tag{5.6}$$

さて，ここでゲージ重力対応を考えると，$\rho_A(\tau,x)$ は AdS_3 空間においてどのように記述されるであろうか．図 5.2 にあるように，AdS_3 の境界に対応する 2 次元共形場理論において演算子 O が部分系 A の上と下に挿入されている状況を考える．それぞれ O_1 と O_2 と図に表現されているが，演算子の種類は同じで

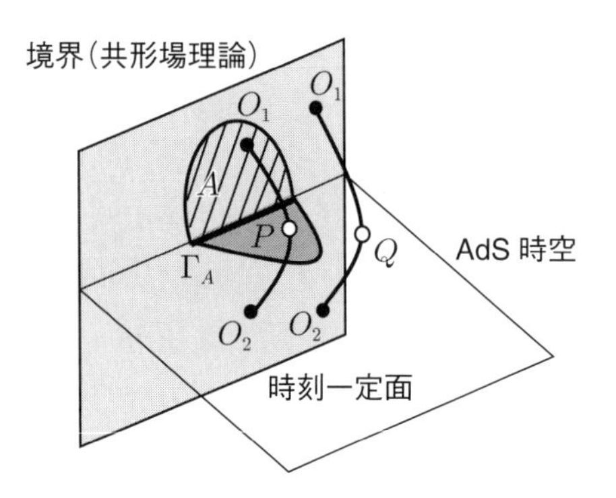

図 5.2　エンタングルメント・ウェッジの共形場理論からの導出法の概念図．共形場理論の局所的励起状態の縮約密度行列 (5.6) のゲージ重力対応による記述を考える．演算子 O を A の上下に挿入した状態は，AdS_3 の空間において，O の挿入された境界の 2 点間を結ぶ測地線上に局在した励起とみなせる．この測地線と時刻一定面 $\tau=0$ の交点に着目した場合に，それが点 P のようにエンタングルメント・ウェッジの内部ある場合は，励起の情報が ρ_A に含まれているが，点 Q のように外にある場合は，励起の情報は ρ_A に含まれない．

ある．ゲージ重力対応を通じて，2 点関数 $\langle O_1 O_2\rangle$ は O_1 と O_2 の挿入位置を結ぶ測地線の長さを L_{12} と書くと，

$$\langle O_1 O_2\rangle = e^{-mL_{12}}, \tag{5.7}$$

と計算することができる．ここで m は O_1 と O_2 に相当する AdS_3 空間中の粒子の質量であり，O_1 と O_2 の共形次元 Δ を用いて $m=\Delta/R_{\mathrm{AdS}}$ と書ける．実際，この表式 (5.7) の右辺は，質量 m の粒子の作用に等しい．最小作用の原理で，測地線の長さを用いて表されるのである．この事実から，励起状態 (5.5) は，図 5.2 のように O_1 と O_2 を結ぶ測地線に沿って AdS_3 の計量が変形された空間で表されると期待される．このとき，縮約密度行列 $\rho_A(\tau,x)$ から「どの点が演算子 O によって励起されているのか」という情報を取り出すことができるだろうか．時刻一定面 $\tau=0$ に着目しよう．前節で説明したゲージ重力対応におけるエンタングルメント・ウェッジという考え方が正しいのであれば，測地線と $\tau=0$ の交点がエンタングルメント・ウェッジ M_A の内部である場合は，$\rho_A(\tau,x)$ に，励起の情報が含まれているはずである．逆に，交点がエンタングルメント・ウェッジ M_A の外である場合は，$\rho_A(\tau,x)$ に，励起の情報が含まれて

いないと思われる．ユークリッド化された 3 次元反ドジッター空間では測地線は半円で与えられるので，交点がエンタングルメント・ウェッジの内部に入ることは，演算子 O の挿入位置が図 5.2 で境界における斜線領域として描かれている半円板領域内に入ることと同じである．以下では，この条件を共形場理論の計算で確認した筆者らの研究 (Suzuki-Takayanagi-Umemoto, Phys.Rev.Lett. **123** (2019) no.22, 221601) を紹介したい．

励起した位置の情報を ρ_A から再現できるかどうかは，言い換えると，異なる点 $w=(\tau,x)$ と $w'=(\tau',x')$ が励起された縮約密度行列 $\rho_A(w)$ と $\rho_A(w')$ を $w\neq w'$ のときに識別できるかどうかという問題である．このような二つの状態 ρ と ρ' の識別可能性を判定する量として**忠実度** (fidelity) があり，次で定義される：

$$F(\rho,\rho')=\mathrm{Tr}\left[\sqrt{\sqrt{\rho}\rho'\sqrt{\rho}}\right]. \tag{5.8}$$

$\rho=\rho'$ のときに限って $F(\rho,\rho')=1$ となり，両者が異なる場合は $0\leq F(\rho,\rho')<1$ を満たす．より計算しやすい量として，

$$I(\rho,\rho')=\frac{\mathrm{Tr}\,[\rho\rho']}{\sqrt{\mathrm{Tr}\,[\rho^2]\mathrm{Tr}\,[\rho'^2]}}, \tag{5.9}$$

があり，この量は忠実度をフォン・ノイマン・エントロピーに例えると，レンニ・エントロピーに相当する量である．この量についても，$\rho=\rho'$ のときに限って $I(\rho,\rho')=1$ となり，両者が異なる場合は $0\leq I(\rho,\rho')<1$ を満たすことがわかる．

そこで，$F(\rho_A(w),\rho_A(w'))$ や $I(\rho_A(w),\rho_A(w'))$ を計算することで，演算子の挿入箇所の違いの識別可能性を調べることができると期待される．特に，A を $\tau=0$ の線分に選び，$I(\rho_A(w),\rho_A(w'))$ を，

(1) ゲージ重力対応で一般相対論に対応する強結合で多自由度な（中心電荷 c がとても大きい）共形場理論，
(2) 自由スカラー場の共形場理論で演算子を $O=e^{i\phi}$ に選んだもの

に対して計算し，その結果を図 5.3 にプロットした．前者 (1) の場合は，計算を容

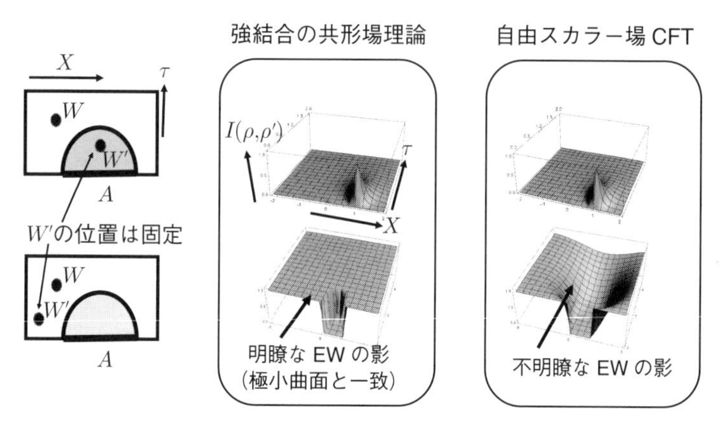

図 **5.3**　エンタングルメント・ウェッジの共形場理論からの導出．左図の上（w' がエンタングルメント・ウェッジの内側）と下（w' が外側）の二つのセットアップに対して，$I(\rho_A(w),\rho_A(w'))$ を演算子挿入位置 $w=(\tau,x)$ の関数としてプロットした．中央図がゲージ重力対応で一般相対論に対応するような強結合の場の理論の場合 (1)，右図が自由スカラー場理論の場合 (2) である（Suzuki-Takayanagi-Umemoto, Phys.Rev.Lett. **123** (2019) no.22, 221601 に基づく）．

易にするために $1\ll\Delta\ll c$ となるように演算子の共形次元を選んだ．w' がエンタングルメント・ウェッジ（の境界への測地線に沿った射影）の内部にある場合は上半分のグラフであるが，(1) と (2) のどちらの共形場理論に対しても，$w=w'$ でピーク $I(\rho_A(w),\rho_A(w'))=1$ をもち，$w\neq w'$ では，$I(\rho_A(w),\rho_A(w'))<1$ となっている．したがって，$\rho_A(w)$ と $\rho_A(w')$ を識別することができる．一方，w' がエンタングルメント・ウェッジの外部にある場合は，(1) と (2) で振る舞いが大きく異なる．(1) の場合には w がエンタングルメント・ウェッジに相当する領域の内部では，$I(\rho_A(w),\rho_A(w'))=0$ となり，w が外部の場合は，$I(\rho_A(w),\rho_A(w'))=1$ となる．つまり，w' がエンタングルメント・ウェッジの外部にあり，ρ_A の情報に含まれない場合は，w が同じく外部にあると，$w\neq w'$ であっても，同じ励起と判定してしまい区別ができない．一方，w が内部にある場合は w と w' を区別できる．この境界は半円となっていて，エンタングルメント・ウェッジの境界に一致する．このようにゲージ重力対応で一般相対論に対応する (1) の場合は，エンタングルメント・ウェッジの性質を確かに再現している．しかし (2) のように通常のゲージ重力対応が適用できない理論（もし

くは量子効果が非常に強い量子重力理論に対応する理論ともいえる）では，エンタングルメント・ウェッジの構造は不明瞭である．また，以上と同様の結果を忠実度 (5.8) を使っても得ることができる．

このように，強結合で中心電荷 c がとても大きい共形場理論に対して，共形場理論の解析からエンタングルメント・ウェッジの構造を確かめることができる．以上の議論は，部分系 A が線分の場合であるが，A を二つの非連結な線分の和にとる場合も同様に 2 次元共形場理論を用いて解析できる．この場合はより技術的に複雑な解析が必要とされるが，結果として，忠実度 $F(\rho_A(w), \rho_A(w'))$ を用いるとゲージ重力対応から期待されるエンタングルメント・ウェッジが得られ，前節で説明した相転移に類似した現象も確かに起こることがわかる．

5.4 純粋化エンタングルメントとゲージ重力対応

図 5.1 の右下図にあるような連結したエンタングルメント・ウェッジは境界の部分系 A と B をつなぐワームホールのような構造をしていると思われる．このときに基本的に重要と思われる幾何学的量として，ワームホールの断面積がある．そこで，エンタングルメント・ウェッジを A 側と B 側に分割する曲面の中で面積が最小となるものを考え Σ_{AB} と書くことにしよう（図 5.1 の右下図を再度参照されたい）．このときブラックホールのエントロピーやホログラフィック・エンタングルメント・エントロピーに動機づけられて，ゲージ重力対応を通じて共形場理論の縮約密度行列 ρ_{AB} によって定まる量として

$$E_W(\rho_{AB}) = \frac{A(\Sigma_{AB})}{4G_N}, \tag{5.10}$$

という量を導入し，**エンタングルメント・ウェッジ断面積**と呼ぶことにしよう．

さて，このエンタングルメント・ウェッジ断面積は共形場理論においてどのような量子情報理論的な量に対応するのであろうか．最近，この問題に対して一つの解答が与えられた (Umemoto-Takayanagi, Nature Physics **14**, 573 (2018); P. Nguyen *et.al.* JHEP **01** (2018) 098)．その答えは**純粋化エンタングルメント**と呼ばれる量 $E_P(\rho_{AB})$ である：

$$E_P(\rho_{AB}) = E_W(\rho_{AB}). \tag{5.11}$$

ここで，純粋化エンタングルメント $E_P(\rho_{AB})$ は次のように定義される．混合状態 ρ_{AB} が定義されているヒルベルト空間 $H_A \otimes H_B$ を $H_A \otimes H_B \otimes H_C$ と新たなヒルベルト空間 H_C を付け加えて拡張しよう．このときに，もとの状態 ρ_{AB} を再現するように

$$\rho_{AB} = \mathrm{Tr}_C[|\Psi\rangle_{ABC}\langle\Psi|], \tag{5.12}$$

を満たす純粋状態 $|\Psi\rangle_{ABC}$ を考えよう．これを**純粋化**と呼ぶ．このような純粋状態は必ず存在し，多数の選び方がある．次に新たに加えたヒルベルト空間 H_C を

$$H_C = H_{\tilde{A}} \otimes H_{\tilde{B}}, \tag{5.13}$$

のように二分割する．この分割の仕方も多数の選び方がある．このときに純粋状態 $|\Psi\rangle_{AB\tilde{A}\tilde{B}}$ に対して $A\tilde{A}$ を部分系と思った場合のエンタングルメント・エントロピー $S_{A\tilde{A}}$ を定義できるが，前述の選び方のすべてを考慮し，その最小値として純粋化エンタングルメントを定義する：

$$E_P(\rho_{AB}) = \mathrm{Min}_{|\Psi\rangle_{AB\tilde{A}\tilde{B}}} S_{A\tilde{A}}. \tag{5.14}$$

特に，ρ_{AB} が純粋状態である場合は，純粋化する必要がなく，$E_P(\rho_{AB})$ は単にエンタングルメント・エントロピー $S_A = S_B$ に一致する．このことから，純粋化エンタングルメントはエンタングルメント・エントロピーの混合状態への一般化の一つであると思うことができる．

純粋化エンタングルメントは A と B の間の相関を測る量である．混合状態を純粋化する動機の一つは，エンタングルメント・エントロピーは混合状態に対しては，古典的な相関も含んでしまい量子エンタングルメントを測ることができないからであるが，式 (5.14) のように定義しても，古典的な相関はまだ含まれていることが知られているので注意されたい．

純粋化エンタングルメントが満たす基本的な不等式に

$$\frac{1}{2}I(A:B) \leq E_P(\rho_{AB}) \leq \mathrm{Min}\{S_A, S_B\}, \tag{5.15}$$

がある．右側の不等式は図 5.1 の右下図から明らかであろう．左側の不等式も同じ図をよく眺めてみると，強劣加法性の証明のように幾何学的に示すことができる．これは意欲のある読者への演習問題としておくことにする．

5.5 量子誤り訂正符号とゲージ重力対応

エンタングルメント・ウェッジと密接に関係する興味深い話題として，ゲージ重力対応と量子誤り訂正符号の関係 (Almheiri-Dong-Harlow, JHEP **1504** (2015) 163) を紹介したい．そのためにまず**量子誤り訂正符号**について簡単に説明しよう．

量子計算機の作動には，極めて精密な操作が必要とされ，環境との相互作用など，非常に多くのノイズが生じることがよく知られている．そこで演算中の誤差（エラー）を，訂正するメカニズムが必要である．通常の計算機（古典計算機）の場合は，誤差を除去するには，もとの古典情報を $0 \to 00000$ のように繰り返して冗長化すればよい．ノイズでいくつかの 0 が 1 に変わったり，消されたりしても，残りの大多数は 0 のままなので修正ができるからである．しかし量子論では，量子情報のコピーをとることはできないことがよく知られており，これは**量子複製不可能定理**（ノークローニング定理）と呼ばれている．これを見るために，もし任意の状態 $|\psi\rangle$ に対してコピーを作るユニタリー変換 U があったとしよう．つまり，ある初期状態 $|\phi\rangle$ に対し，それを次のように $|\psi\rangle$ のコピーに変換する；

$$U|\psi\rangle|\phi\rangle = |\psi\rangle|\psi\rangle, \tag{5.16}$$

ことができると仮定しよう．このとき，別の状態 $|\psi'\rangle$ のコピーをとると

$$U|\psi'\rangle|\phi\rangle = |\psi'\rangle|\psi'\rangle, \tag{5.17}$$

となる．ここで式 (5.16) と (5.17) の内積をとると，

$$\langle\psi'|\psi\rangle = (\langle\psi'|\psi\rangle)^2, \tag{5.18}$$

となり，つまり $\langle\psi'|\psi\rangle$ は 0 ないし 1 の値しかとれないことになる．これは，式 (5.16) のコピーをとる操作が任意の状態 $|\psi\rangle$ に対して可能であるという仮定が間違っていたことを意味する．これが量子複製不可能定理の証明である．

さて，それでは量子状態の誤差をどのように訂正すればよいのであろうか．これを可能にする強力な手法が**量子誤り訂正符号**であり，以下で見るように量子エンタングルメントの存在が重要な役割を果たしている．表記を簡単にするために，スピン 1 の自由度 (qutrit) を考えると，量子状態は三つの正規直交基底 $|0\rangle, |1\rangle, |2\rangle$ の線形結合で

$$|\psi\rangle = a_1|0\rangle + a_2|1\rangle + a_3|2\rangle, \tag{5.19}$$

と表される．これはスピン 1 の自由度をもつ量子系を一つとったときの量子情報に相当する．これを以下では 1 量子トリットと呼ぶことにする．この量子情報を誤りから保護するために，スピン 1 の自由度をあと二つ用意して，合計 3 量子トリット（それぞれ A, B, C と呼ぶ）を考え，その冗長性を利用して，上記の 1 量子トリットの状態 $|\psi\rangle$ を

$$|\tilde{\psi}\rangle = a_1|\tilde{0}\rangle + a_2|\tilde{1}\rangle + a_3|\tilde{2}\rangle, \tag{5.20}$$

として表す（符号化する）ことにする．ここで

$$\begin{aligned}
|\tilde{0}\rangle &= \frac{1}{\sqrt{3}}(|0\rangle_A|0\rangle_B|0\rangle_C + |1\rangle_A|1\rangle_B|1\rangle_C + |2\rangle_A|2\rangle_B|2\rangle_C), \\
|\tilde{1}\rangle &= \frac{1}{\sqrt{3}}(|0\rangle_A|1\rangle_B|2\rangle_C + |1\rangle_A|2\rangle_B|0\rangle_C + |2\rangle_A|0\rangle_B|1\rangle_C), \\
|\tilde{2}\rangle &= \frac{1}{\sqrt{3}}(|0\rangle_A|2\rangle_B|1\rangle_C + |1\rangle_A|0\rangle_B|2\rangle_C + |2\rangle_A|1\rangle_B|0\rangle_C),
\end{aligned} \tag{5.21}$$

と定義した．

このとき，A, B, C の三つの量子トリットのうち，一つがノイズ誤差により消失してしまったとする．その消失したものを C とすると，その縮約密度行列

ρ_C は,

$$\rho_C = \mathrm{Tr}_{AB}|\tilde{\psi}\rangle\langle\tilde{\psi}| = \frac{1}{3}\left(|0\rangle_C\langle 0| + |1\rangle_C\langle 1| + |2\rangle_C\langle 2|\right), \tag{5.22}$$

のように a_1, a_2, a_3 の依存性がなく，最大混合状態となり，情報の損失は実は起こらない．実際に，A と B の量子ビットにアクセスできれば，もとの状態 $|\tilde{\psi}\rangle$ を完全に再現できる．これを見るには，

$$(U_{AB} \otimes I_C)|\tilde{\psi}\rangle = |\psi\rangle_A \otimes \frac{1}{\sqrt{3}}(|0\rangle_B|0\rangle_C + |1\rangle_B|1\rangle_C + |2\rangle_B|2\rangle_C), \tag{5.23}$$

を満たす A と B にのみに作用するユニタリー変換が存在することをいえばよい．上式で，I_C は C に作用する自明な恒等演算子（状態をまったく変化させない演算子）である．具体的にこのような U_{AB} は 2 量子トリットの正規直交基底に対して次の変換をする演算子として定義できる（$|0\rangle_A|0\rangle_B$ を $|00\rangle$ と略記する）：

$$\begin{aligned}
&|00\rangle \to |00\rangle, \quad |11\rangle \to |01\rangle, \quad |22\rangle \to |02\rangle, \\
&|01\rangle \to |12\rangle, \quad |12\rangle \to |10\rangle, \quad |20\rangle \to |11\rangle, \\
&|02\rangle \to |21\rangle, \quad |10\rangle \to |22\rangle, \quad |21\rangle \to |20\rangle.
\end{aligned} \tag{5.24}$$

このように量子誤り訂正では，1 量子ビットの情報を複数の量子ビットを用いて表現し，一部の量子ビットが誤差で消失しても，残りの量子ビットからもとの量子情報を再現することができる．実際に使用する物理的な量子ビット（上記の例では 3 量子トリット）のヒルベルト空間を**物理空間**と呼び，保護したいもとの量子情報（上記の例では 1 量子トリット）のヒルベルト空間を**符号部分空間** (code subspace) と呼ぶ．またこのとき，上記の $|\tilde{0}\rangle, |\tilde{1}\rangle, |\tilde{2}\rangle$ の状態が最大の量子エンタングルメントを有していることからわかるように，量子誤り訂正符号は量子エンタングルメントの特性をうまく利用していることに注意をしよう．なお，上記の例では簡単のため量子トリットを用いて説明したが，量子ビットでももちろん量子誤り訂正を実現できる．

ゲージ重力対応における量子エンタングルメントの重要性はすでに説明したとおりであるが，興味深いことに，そこから生まれたエンタングルメント・ウェッ

ジの構造は，量子誤り訂正符号の性質を有していることがわかる．これを見るために共形場理論の空間を A, B, C と三つの部分系に分割した状況でエンタングルメント・ウェッジを考えてみよう．部分系 A の情報に相当する縮約密度行列 ρ_A は，反ドジッター時空におけるエンタングルメント・ウェッジ M_A に含まれる情報に対応する．ρ_B や ρ_C も同様であり，図5.4の左図に M_A, M_B, M_C を図示している．このときに反ドジッター時空の中央に位置する点Pの情報は，$M_A \cup M_B \cup M_C$ には含まれていない．つまり，共形場理論の ρ_A, ρ_B, ρ_C をすべて与えたとしても，点Pの情報は得られない．一方で，もし C の情報は消失して手に入らないが，A と B の情報にアクセスできると仮定しよう．このときには ρ_{AB} の情報を手に入れることができ，反ドジッター時空で見るとエンタングルメント・ウェッジ M_{AB} に相当する（図5.4の右図）．このとき，点Pは M_{AB} に含まれるので，C の情報は損失しているにもかかわらず，ρ_{AB} から点Pの情報を再現することができる．しかし，もし C に加えて，B ないし A の情報も損失してしまうと，もはや点Pの情報を再現できない．この状況は，前述の量子誤り訂正符号の状況と酷似している．

以上の直観的な議論から，ゲージ重力対応において共形場理論から反ドジッター時空が創発する際に，量子誤り訂正符号のメカニズムが機能しているという自然な予想が得られる．このとき，量子誤り訂正符号の立場では，共形場理論のヒルベルト空間が物理空間であり，反ドジッター時空の（低エネルギーの）重力理論が符号部分空間と解釈できる．ゲージ重力対応では，共形場理論自体は，反ドジッター時空における量子重力理論（その代表例が超弦理論である）に

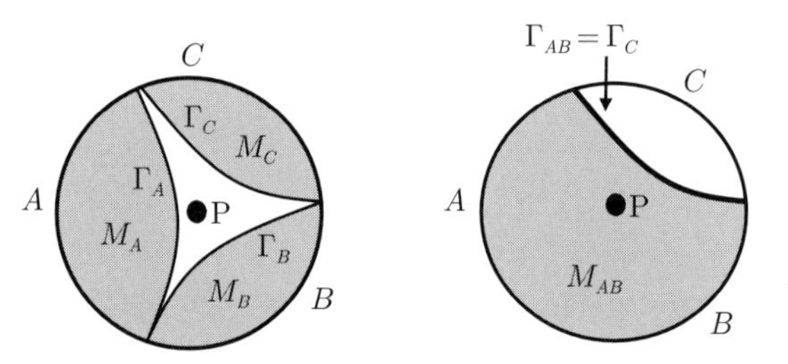

図 5.4　エンタングルメント・ウェッジにおける量子誤り訂正符号の性質．時刻一定面を図示している．

等価となり，この量子重力理論にはすべてのエネルギースケールの物理が入っている．しかし，低エネルギー近似をすると，一般相対論（より正確には超重力理論）が得られるが，この理論が符号部分空間の理論と解釈される．

その後の多くの研究でこのゲージ重力対応と量子誤り訂正符号の関係を裏付ける証拠も多く見つかってきているが，未だ完全に理解されたとはいえない状況である．にもかかわらず，量子情報理論の様々な考え方をゲージ重力対応に応用する際に重要なガイドとしての役割を果たしている．

5.6 ブラックホール情報パラドクスへの応用

エンタングルメント・ウェッジに関係した最近の話題として，ブラックホール情報パラドクスの問題解決への応用について説明したい．少々アドバンストな内容であるが，物理的イメージが理解できるように直観的な解説を行いたい．詳細を知りたい読者は，原論文等に当たられたい．

まずはブラックホール情報パラドクスとは何か，説明しよう．ブラックホールは温度をもち，ホーキング輻射と呼ばれる熱輻射を行うことは 4.1 節で述べた．熱輻射により，エネルギーを外に放出するので，ブラックホールの質量は徐々に小さくなり，最後には消滅してしまう．これを**ブラックホールの蒸発**と呼ぶ．後に残されるのは重力波や電磁波といった輻射のみである．ブラックホールは重い星の合体などで形成されるが，合体の前には星の中に多くの情報，例えば，どのような物質がどれだけ存在したのか，があったはずである．その後，ブラックホールになると，その情報は地平面の中に隠れてしまう．これがブラックホールのエントロピーであった．しかし，ブラックホールが蒸発して消滅するならば，この隠れた情報も消えてしまうのであろうか．ブラックホールからの輻射は，ある決まった温度の熱輻射であり，そこから情報を取り出すことはできないように思える．もしそうだとすると，これは量子論の原則であり，系全体で見ると情報は保存されることを意味するユニタリー性と矛盾する．つまり，もともとの重い星の系という純粋状態が，時間発展で情報があいまいになり，混合状態に変わってしまうことを意味する．この話が正しいとすると，量子重力理論では，ユニタリー性が破れてしまい，情報が損失し，量子論の枠組みが適用できないことになる．実際にホーキングがこの問題を提起し，**ブラックホール情報パラドクス**と呼ばれている．

しかしゲージ重力対応を利用すると，このような情報損失は起こりえないことが直ちにわかる．ゲージ重力対応で，反ドジッター時空の内部に小さなブラックホールを置くと，ホーキング輻射を起こす．これを共形場理論の立場で見ると，単に局在した励起状態が時間発展で周りに輻射を放ち崩壊する過程になる．共形場理論は当然ユニタリーな時間発展をするので，情報損失するはずがない．言い換えると，熱輻射のように思われるホーキング輻射に，やはりもとの星の情報が隠されていることになる．このゲージ重力対応を通じた解決は晩年ホーキングも認めていたことはよく知られているが，具体的にどのように情報が輻射から取り出せるのかは現在も明確には理解されていない．しかし，最近，米国の研究者らによって，笠–高柳公式やエンタングルメント・ウェッジを用いた研究（Penington, arXiv:1905.08255 や，Almheiri *et.al.* arXiv:1908.10996）で，この歴史的な問題に大きな発展があったので以下で紹介したい．

そのために，ブラックホール情報の問題を量子情報に着目して定量化するページの議論 (Page, Phys.Rev.Lett. **71** (1993) 3743) をまず説明しよう．ブラックホールが輻射している量子系全体のヒルベルト空間 $\mathcal{H}$ を，ブラックホール内部に相当するヒルベルト空間 $\mathcal{H}_B$ と輻射のヒルベルト空間 $\mathcal{H}_A$ に

$$\mathcal{H} = \mathcal{H}_A \otimes \mathcal{H}_B, \tag{5.25}$$

と直積で分割しよう．

さて，ブラックホールと輻射の系は全体として純粋状態で表されるとして，情報損失がなく，時間発展でも常に純粋状態で表されるとしよう．そのとき，両者のエンタングルメント・エントロピー $S_A = S_B$ に着目する．ブラックホールが誕生したときを $t = 0$ として，そのブラックホールのエントロピー S_{BH} は式 (4.12) で与えられるように地平面の面積に比例している．時間発展とともにブラックホールの大きさは小さくなるが，$t = 0$ のブラックホールのエントロピーを S_0 と書くことにする．ブラックホールの微視的状態の数の対数がブラックホールのエントロピーであるので，ブラックホール内部のヒルベルト空間 $\mathcal{H}_B$

の次元は，e^{S_0} と見積もることができる．

ブラックホールが誕生した $t=0$ でのエンタングルメント・エントロピーは，$S_A = S_B = 0$ である．これは輻射が存在しないからである．時間の経過とともに，輻射が放出され，その輻射とブラックホール内部が常に最大にエンタングルしていると仮定しよう．全体系からランダムに部分系を取り出すことを考えると数学的に正当化できる．そうすると，S_A は輻射の量に比例して増加する．しかし，常に $S_A = S_B$ が純粋状態に対して成立することからわかるように，ブラックホール内部よりも輻射のサイズが大きくなると，今度は S_A は，ブラックホールのサイズに比例して単調減少するようになる．最後にブラックホールが完全に蒸発すると，$S_A = 0$ となるのは明らかである．このように考えると，図 5.5 にある実線のグラフに従って，エンタングルメント・エントロピーは，単調増加後に減少する．最大値に達するのは $\mathcal{H}_A$ と $\mathcal{H}_B$ の次元が等しくなるところで（ページ時間と呼ばれる），このとき，$S_A = \frac{1}{2}S_0$ と見積もることができる．このグラフの振る舞いは**ページ曲線**と呼ばれている．

このページ曲線で重要なのは，ブラックホールが半分の大きさになったときから S_A が減少し始めることである．もし，輻射が完全に熱輻射でランダムであるならば，輻射のエンタングルメント・エントロピー S_A は，その後も単調

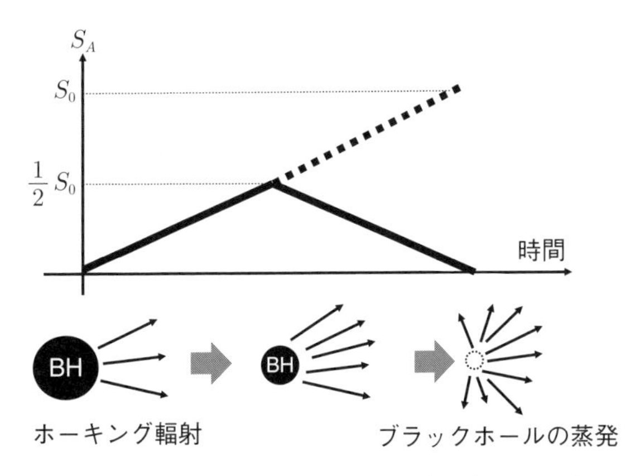

図 5.5 ブラックホールの蒸発におけるページ曲線（上図）と対応するブラックホールの状態（下図）．ブラックホールとホーキング輻射の間のエンタングルメント・エントロピー S_A を時間の関数として上図のグラフで表している．

増加を続けるであろう（図5.5の点線）．つまりこの減少を始めたときから，ブラックホールの情報が外側に漏れ出すことになる．重力理論を場の理論と思って摂動論的に量子化することを考えると，ホーキング輻射は熱輻射であり，このような情報を取り出すことができないように思える．したがって，S_A はページ曲線に従わないように思われる．これをブラックホール情報パラドクスの一つの定式化と思うことができる．

ところが，ゲージ重力対応を用いると，実はページ曲線が正しく再現されることが最近になって見出された．ゲージ重力対応の境界に，蒸発するブラックホールを置くことにして，それをゲージ重力対応を用いて，バルクの立場で解析したい．もともと分離していた $D+1$ 次元重力理論のブラックホールを $D+1$ 次元共形場理論に時刻 $t=0$ でつないで相互作用させることで，ブラックホールからのホーキング輻射が共形場理論へ流れていくセットアップを境界に考えよう．これが図5.6の左図にあるセットアップ (1) である．

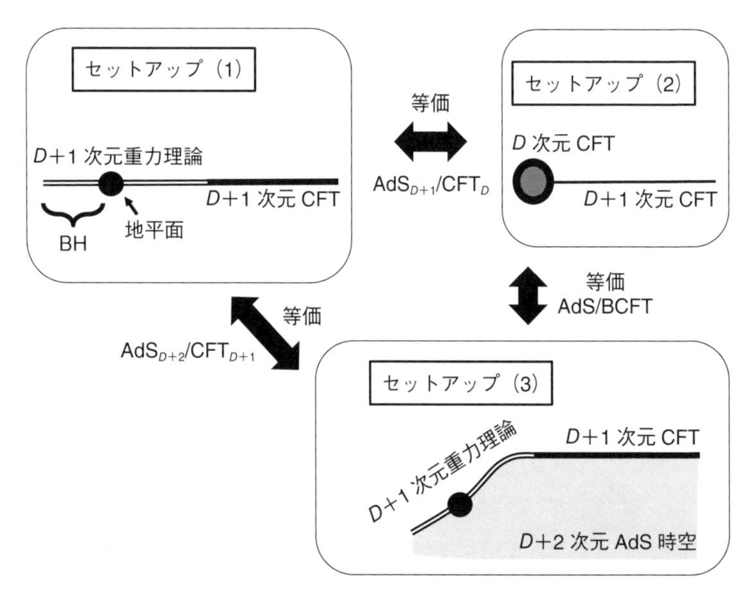

図 5.6　左図は，ブラックホールの蒸発過程の記述（セットアップ (1)）を表す．右の上下の図は，ゲージ重力対応を用いて，セットアップ (1) と等価な二つのセットアップ (2) と (3) を表す．

通常，ゲージ重力対応は境界の共形場理論とバルクの重力理論が等価になるという関係を意味するが，今の場合は重力の自由度を境界でも残しておきたい．これは，境界を少しバルク内部にずらす（z 方向のカットオフ ϵ を $O(1)$ にとる）ことで実現できることが知られており，**ブレイン・ワールド**と呼ばれる手法である (Randall and R. Sundrum, Phys.Rev.Lett. **83** (1999) 4690)．このアイデアを用いると，図 5.6 の右下図のセットアップ (3) が得られる．$D+1$ 次元の境界にある共形場理論とブラックホール時空の（量子）重力理論を，バルクの $D+2$ 次元の反ドジッター時空の古典的な重力理論で記述する．

一方，もともとの $D+1$ 次元の重力理論にゲージ重力対応を適用すると D 次元の共形場理論に等価となる．したがって，$D+1$ 次元の共形場理論がその端で D 次元の共形場理論と相互作用する理論としても記述することができる．これが図 5.6 の右上図にあるセットアップ (2) である．

さて，セットアップ (3) の時間発展を考えよう．$t<0$ では，境界の重力理論と共形場理論は分離しており相互作用していない．これはゲージ重力対応を通じて，バルクで時空が二つに分かれていることに相当する．これは図 5.7 の一

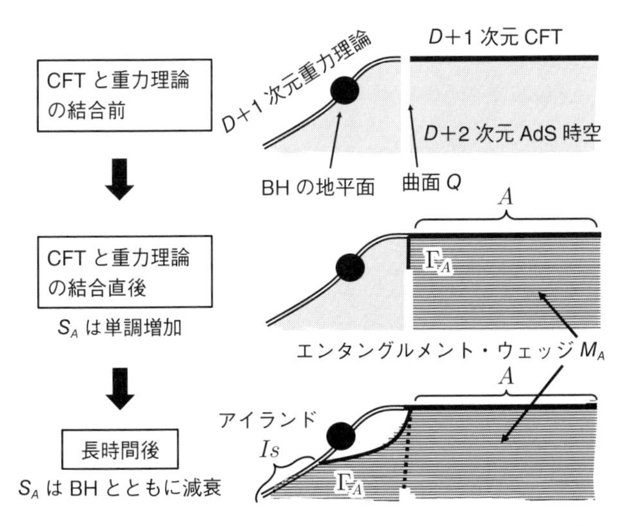

図 5.7 ブラックホールの蒸発過程におけるセットアップ (3) の時間変化．エンタングルメント・エントロピーを計算する曲面 Γ_A が太線で，エンタングルメント・ウェッジが横縞の領域として描かれている．

番上の図で表されている．このようなゲージ重力対応では図の垂直方向に新しい境界（曲面 Q）が現れる．これは境界をもつ空間における共形場理論のゲージ重力対応を考えると自然に表れ，AdS/BCFT 対応と呼ばれる (Takayanagi, Phys.Rev.Lett. **107** (2011) 101602)．この新しい境界の上では，計量はダイナミカルに変化しうる．より正確にいうと，計量の微分を固定するノイマン型境界条件を課す．一方で通常のゲージ重力対応の境界では，計量の値を固定するディリクレ型境界条件を課す．また，$D+1$ 次元の重力理論もバルク内部の境界上に存在する（図 5.7 の二重線）が，これも前述の境界同様，バルク重力理論においてノイマン境界条件を課すことに対応する．また，前述の AdS/BCFT 対応を用いると，セットアップ (3) は，セットアップ (2) と等価であることがわかる．

そこで，$t=0$ で $D+1$ 次元境界の重力理論と共形場理論を結合させると図 5.7 の中間の図のようにバルクの境界で両者がくっつく．新しい境界である曲面 Q は時間の経過とともに図の下側（バルクの奥に）移動し縮小していく．ここで，$D+1$ 次元共形場理論の空間領域を A として，そのエンタングルメント・エントロピー S_A をバルクで笠–高柳公式 (4.17) を用いて計算することを考えよう．この S_A は，前述のページの議論において輻射のエンタングルメント・エントロピーと解釈することができる．エンタングルメント・エントロピーは極小曲面 Γ_A の面積で計算されるが，この曲面 Γ_A は，A の境界から伸びて，曲面 Q に端をもつことができる．Q の先端が時間とともにバルクの奥に下がっていくので，Γ_A の面積は単調に増加する．これがページ曲線の前半の振る舞いに相当する．しかし，ブラックホール時空を記述する $D+1$ 次元重力理論に相当するバルクの境界（図の二重線）も前述のように，Q と同じ種類の境界（ノイマン型境界条件）であり，Γ_A はここにも端をもつことができる．したがって，十分時間が経過すると，Γ_A に転移が起きて，Q ではなく，境界の重力理論のほうに端をもつようになる（図 5.7 の一番下の図を参照されたい）．境界のブラックホールは時間とともに縮小して蒸発するので，最終的にこの寄与はゼロになってしまう．これがページ曲線の後半の振る舞いを確かに説明するのである．仮に，この転移がないとすると，永久的に S_A は単調増加することになり，図 5.5 のページ曲線の点線の振る舞い，つまり情報が損失してしまうという結論を得てしまうのである．このように，ゲージ重力対応を正しく使用することで，ページ曲線が再現され，ブラックホールの蒸発における情報損失は起こらないことがわかるのである．

この $D+2$ 次元バルク重力の描像で，境界の領域 A に対応するエンタングルメント・ウェッジ M_A を考えよう．十分時間が経過すると，Γ_A が $D+1$ 次元の重力理論の時空に端をもつので，図 5.7 の一番下の図にある横縞の領域が M_A に相当する．このエンタングルメント・ウェッジは，境界において，領域 A のみならず，ブラックホールの内部領域をカバーし，バルク内部に大きく広がる．この $D+1$ 次元重力理論のブラックホールの内部領域を**アイランド**と呼び，I_S と表す．エンタングルメント・ウェッジ M_A は，前の 5.2 節で解説したようにブラックホールの輻射の情報から再現できるバルク領域を表している．つまり，十分時間が経過した後では，ホーキング輻射の情報からブラックホールの内部も徐々に再現できるようになることを意味し，完全に蒸発したころには，内部を完全に再現できるというわけである．

以上の議論は，ゲージ重力対応を大きく利用しているが，最終的に得られた結果を，境界にあった $D+1$ 次元の重力理論と $D+1$ 次元の共形場理論が結合した系の立場で明確に表すことができる．そこで，図 5.8 のように両者が相互作用している系を考え，領域 A を共形場理論が存在する空間の一部にとる．このときに，領域 A の正しいエンタングルメント・エントロピーは次の公式で与えられる：

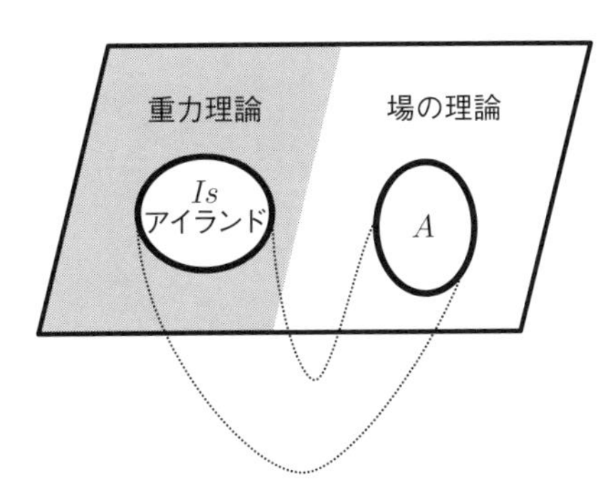

図 5.8 重力理論と場の理論が結合している有効理論におけるエンタングルメント・エントロピー計算のセットアップ．

$$S_A = \mathrm{Min}_{I_S}\left[\frac{A(\partial I_S)}{4G_N} + S^{\mathrm{eff}}_{A\cup I_S}\right]. \tag{5.26}$$

ここで，アイランド領域 I_S は重力理論の空間の内部にとる．$S^{\mathrm{eff}}_{A\cup I_S}$ は，重力理論＋共形場理論を単なる場の理論とみなした場合に，A と I_S の和の領域に対するエンタングルメント・エントロピーを計算したものである．$\frac{A(\partial I_S)}{4G_N}$ はアイランドの境界を仮想的な地平面と思った場合のブラックホールのエントロピーである．この両者のエントロピーの和を I_S の選び方を変えながら最小値をとった量を上式 (5.26) は表している．このように，場の理論に重力理論が結合していると，単純に重力理論を場の理論と思ってエンタングルメント・エントロピーを計算すると誤った結果になってしまい，それがブラックホール情報パラドクスを生んでしまうのである．正しくは，アイランド I_S も領域 A に含まれると考えて計算しなければ正しいエンタングルメント・エントロピーを得られないのである．例えば，先ほど説明したように，ブラックホールの蒸発の後半では，輻射の観測からブラックホール内部のアイランド I_S の情報も取り出すことができるのである．

ごく最近の研究によって，公式 (5.26) はゲージ重力対応を用いなくても導出できることがわかってきた．詳細は原論文（Penington *et.al.* arXiv:1911.11977 や，Almheiri *et.al.* arXiv:1911.12333）に譲るが，具体的に重力理論でエンタングルメント・エントロピーの計算をレプリカ法で計算すると摂動的な取り扱いでは見逃されていた**レプリカ・ワームホール**と呼ばれるレプリカ間のブラックホール内部をつなぐワームホール解の存在が重要な役割を果たす．これはちょうど，前述のゲージ重力対応を用いた説明で，Γ_A の転移が重要であったことに対応する．

第6章 創発する時空と量子エンタングルメント

この章で本書はクライマックスを迎える．これまで説明してきたようにゲージ重力対応では，共形場理論のエンタングルメント・エントロピーを幾何学的に面積として計算することができる．このようなことが可能になる理由は，場の理論は一般に代数的に複雑な量子状態を有しているが，量子エンタングルメントが量子状態から幾何学的構造を本質的に抽出するからであると考えられる．つまり，共形場理論の量子エンタングルメントの構造から重力理論の時空が創発すると期待される．このアイデアを具体的に実現する模型が，量子多体系の量子状態を幾何学的に記述する手法であるテンソルネットワークである．本章では，この「量子エンタングルメントから重力理論の時空の創発」という最新の研究テーマの進展を紹介したい．参考図書 [4] も参照されたい．

6.1 量子エンタングルメントから創発する時空

ゲージ重力対応では重力理論のダイナミクスが量子多体系，特に共形場理論のダイナミクスと等価になる．ミクロな重力理論を特徴づける長さが**プランク長** l_P であり，$d+2$ 次元の重力理論では

$$l_P = (G_N)^{\frac{1}{d}}, \tag{6.1}$$

で与えられ，重力理論の基礎定数から構成できる唯一の長さである．この長さスケール，すなわち**プランクスケール**よりミクロな世界では重力の量子効果が巨大となり，一般相対論は破綻してしまい，新しい物理法則（量子重力理論）が必要となる．

量子多体系の量子状態の骨格を与えるのが量子エンタングルメントであるが，その量を表すエンタングルメント・エントロピーは笠–高柳公式 (4.17) で計算される．この公式をプランク長を用いて書き直すと

$$S_A = \frac{A(\Gamma_A)}{4l_P^d}, \tag{6.2}$$

となり，エンタングルメント・エントロピーはプランク長を単位とした場合に，重力理論の時空の極小面積と等しい．量子エンタングルメントの単位がベル状態（EPR 状態）であることは本書の最初で説明した．すると関係式 (6.2) は，プランクスケールの面積要素が 1 個のベル状態に対応することを意味するのである．一つのベル状態は 1 量子ビット分の情報量を担っている．量子多体系は無数の量子ビットの量子エンタングルメントから構成されているが，想像を逞しくすると，これはちょうど，重力理論のマクロな時空が最小単位であるプランクスケールのミニ宇宙が無数に集まって構成されることと等価である，と予想される．この予想が正しければ，量子多体系の量子エンタングルメントからマクロな宇宙が創発する，という大変斬新な描像が得られる（図 6.1 を参照されたい）．

例えば多数のスピンからなる量子多体系を例にとろう．最初はそれぞれのスピンの直積状態にあり，量子もつれがまったくないとする．このときに，それぞれのスピンは完全に独立であり，それぞれがサイズゼロのミニ宇宙に対応する．つまり，つながっていないミニ宇宙が無数にある状況である．次に，スピ

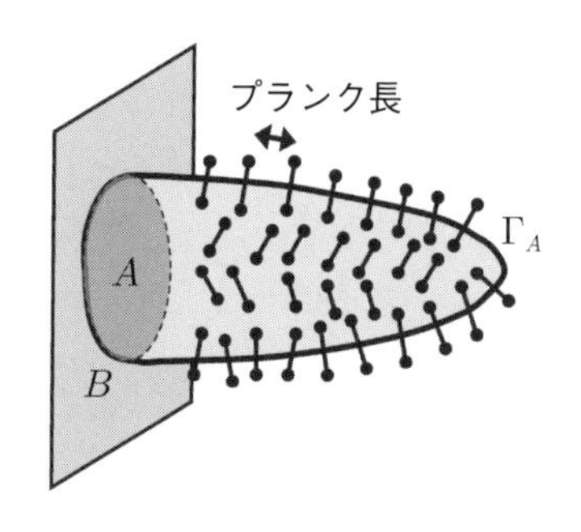

図 6.1　ゲージ重力対応におけるエンタングルメント・エントロピーから時空が創発される様子を表す．

ン同士に量子エンタングルメントを付与していくと，ミニ宇宙同士がつながって少し大きな宇宙に変わる．これを繰り返し最終的に，量子臨界点にある量子多体系のようにすべてのスピンがエンタングルしている状態にすると，ミニ宇宙がすべてつながり反ドジッター時空のようなマクロな宇宙は創発されるのである．この描像が精密化されれば，宇宙創成のメカニズムという量子重力理論の究極の目標に迫ることができると期待されるので，最近では重要テーマとして活発に研究が行われている．

以上ではイメージを伝えるために直感的な説明を行ったが，以下ではこのアイデアを実現する具体的な模型を紹介したい．

6.2 テンソルネットワーク

前に述べた量子エンタングルメントから時空が創発するというアイデアを具体的に実現する模型として**テンソルネットワーク**を説明したい．テンソルネットワークとは，量子多体系の量子状態を表す波動関数をネットワークの形で幾何学的に表現する手法であり，もともとは複雑なハミルトニアンの基底状態を数値的に変分法で求めるために考案された．

まず簡単な例としてスピンが二つある系の量子状態を考えよう．最初にまったく量子エンタングルメントをもたない二つのスピン（A と B と呼ぶ）があったとする．これを

$$|\Psi_0\rangle = \left(\sum_{a=1}^{\chi} M_a|a\rangle\right) \otimes \left(\sum_{b=1}^{\chi} N_b|b\rangle\right), \tag{6.3}$$

と書こう．ここで多自由度のスピンを考え a, b は $1, 2, \ldots, \chi$ と χ 個の値をとるとする．つまり $SU(2)$ の $j = \frac{\chi-1}{2}$ 表現のスピンである．この直積状態にユニタリー変換 U を作用するとエンタングルメントをもつ二つのスピンからなる量子状態 $|\Psi\rangle$ が

$$|\Psi\rangle = U|\Psi_0\rangle = \sum_{a,b,c,d=1}^{\chi} U_{cd}^{ab} M_a N_b |c\rangle_A |d\rangle_B, \tag{6.4}$$

と変化する．ここで U^{ab}_{cd} は $\chi^2 \times \chi^2$ のユニタリー行列である．このように直積状態からユニタリー変換で，量子エンタングルメントをもつ状態を作り出すことができるが，これは最も簡単なテンソルネットワークの例となる．テンソルとは，行列やベクトルのように足がある量の総称であり，それらの積をとるときは，それぞれの足を縮約する．

テンソルネットワークのもう一つ重要な例を見るために，スピンが一つだけある状態からスタートしよう：

$$|\Psi_1\rangle = \sum_{a=1}^{\chi} M_a |a\rangle_A. \tag{6.5}$$

今度はユニタリー変換ではなく，この状態のスピンの数を増やす変換を考えよう．特に状態の内積を変えない変換 V（**アイソメトリー**）を作用させる．このときに状態は

$$|\Psi'\rangle = V|\Psi_1\rangle = \sum_{a,b,c=1}^{\chi} V^a_{bc} M_a |b\rangle_B |c\rangle_C, \tag{6.6}$$

と変化する．このとき内積を変えないというアイソメトリーの条件は

$$\sum_{b,c=1}^{\chi} (V^a_{bc})^* \, V^d_{bc} = \delta^{a,d}, \tag{6.7}$$

と表すことができる．これも最も簡単なテンソルネットワークと思うことができる．このアイソメトリーの作用でも上記の B と C の間に量子エンタングルメントが付け加えられている．

このユニタリー変換とアイソメトリーをブロックのように組み合わせることで，量子多体系の臨界点，すなわち共形場理論の基底状態の波動関数を表すことができる．このようなテンソルネットワークが MERA（Multi-scale Entanglement Renormalization Ansatz の略）である (Vidal, Phys.Rev.Lett. **99** (2007) 220405)．まず，最初にエンタングルメントをもたない一つのスピンからスタートして，アイソメトリーでスピンの数を増やしつつ，ユニタリー変換でさらに量子エンタングルメントを付け加えて行くことで，量子臨界点の量子状態を作り出す手法である（図 6.2 を参照されたい）．小さい黒四角はユニタリー変換

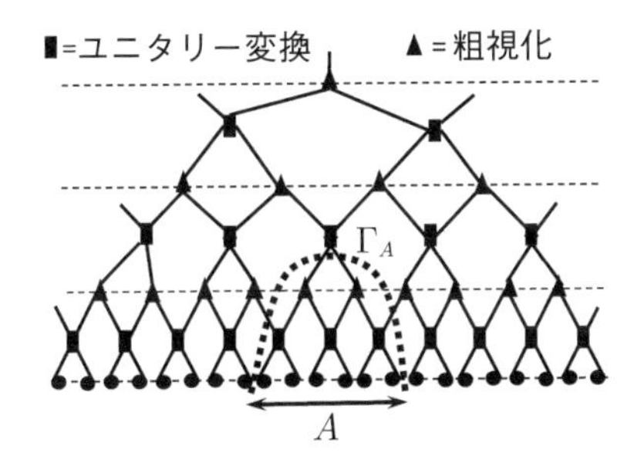

図 **6.2** MERA (Multi-scale Entanglement Renormalization Ansatz) と呼ばれる共形場理論を記述するテンソルネットワーク.

(6.4), 小さい黒三角はアイソメトリー (6.6) に相当する.

このMERAのテンソルネットワークを上から下に見ていくと, 量子エンタングルメントは最初は長波長のモードに付与され, 徐々により短波長のモードに付け加えられ, 最終的に量子臨界点の基底状態を再現するような構造になっている. 逆に下から上に見ると, 最初は量子臨界点の基底状態で多くの量子エンタングルメントを有しているが, 徐々に量子エンタングルメントが除去されていって, 最終的に一つのスピンというまったく量子エンタングルメントをもたない簡単な状態に変化する. 場の理論の繰り込み群の考え方を思い出すと, これはちょうど, 高エネルギーから低エネルギーへ繰り込み群の流れを考えることに対応している. その意味で, MERAのテンソルネットワークは実空間の繰り込み群の一種である**エンタングルメント繰り込み**と呼ばれる.

さて, このMERAのテンソルネットワークでエンタングルメント・エントロピーを見積もってみよう. 図6.2において最終的な量子状態を表す一番下に並ぶスピン鎖の一部を部分系 A としよう. このときにエンタングルメント・エントロピー S_A を考えよう. A と A の補集合の間の量子エンタングルメントはこのテンソルネットワークにおいてどのように生じるだろうか. 前述のとおり, MERAのテンソルネットワークはアイソメトリーとユニタリー変換によって量子エンタングルメントを順次付け足して構成される. そのように考えると, 量子エンタングルメントはそれぞれのテンソルのテンソル・ネットワークの足を経由して与えられることがわかる. 図6.2の点線のように部分系 A を覆う曲線

をΓ_Aと呼ぼう．この曲線と交わるテンソルネットワークの足の数を$|\Gamma_A|$と書くと，その足がエンタングルメント・エントロピーを生成する起源になることから

$$S_A \leq |\Gamma_A| \cdot \log \chi, \tag{6.8}$$

という上限が得られる．χは前述のようにテンソルの足がもつ自由度（高次元スピン）である．さて，最も厳しい上限を得るには，すべてのとりうるΓ_Aのうちで最小のものを選べばよい：

$$S_A \leq \mathrm{Min}_{\partial\Gamma_A = \partial A} |\Gamma_A| \cdot \log \chi. \tag{6.9}$$

このとき，もしもテンソルの足によってつながる二つのスピンが最大のエンタングルメント$S_{\max} = \log \chi$を有すると，不等号が等号に変わる．具体的にAのスピンがL_A個とすると，$S_A \simeq \log \chi \cdot \log_2 L_A$と見積もられ，2次元共形場理論に対してよく知られている対数的なスケーリング則を再現する．

また最大のエンタングルメントをもたなくても，一様等方的に一定のエンタングルメント$S_* \, (< S_{\max})$をもつのであれば，

$$S_A \simeq (\mathrm{Min}_{\partial\Gamma_A = \partial A} |\Gamma_A|) \cdot S_*, \tag{6.10}$$

という見積りが得られる．この式を，笠–高柳公式(4.17)と比較すると構造が類似していることにすぐ気が付くであろう．つまり，極小曲面がΓ_Aに対応する．ゲージ重力対応では前節で説明したように，極小曲面Γ_Aをプランクスケールに分割するとき，その各々の面積要素が1量子ビットの量子エンタングルメントに相当した．今のテンソルネットワークでは曲面Γ_Aがテンソルの足によって分割され，そのときの各面積要素（＝テンソルの足の一つ分）は$\sim \log \chi$量子ビットのエンタングルメントを有していることになる．

このように考えると，MERAのテンソルネットワークは，実はゲージ重力対応の反ドジッター時空の時間一定面に相当するのではないか，と推測するのは自然である (Swingle, Phys.Rev. D **86** (2012) 065007)．実際に，MERAの構造はスケール不変になっており，反ドジッター時空のスケール不変性(4.14)に

うまく適合する．この対応が本当であれば，ゲージ重力対応において共形場理論から重力の時空が創発するメカニズムはテンソルネットワークで理解できることになり，大きな問題を解決したことになる．

しかしながら，その後の様々な研究で指摘されたように MERA と反ドジッター時空の時間一定面の対応には問題がある (Czech *et.al.* JHEP **1607** (2016) 100)．その理由の一つは，MERA はユニタリー変換やアイソメトリーを使用していることからわかるように実時間的な発展を記述しており，一方で反ドジッター時空の時間一定面はユークリッド空間なので実時間的なネットワークは不自然で，またユークリッド空間ではありえない光円錐の因果構造が MERA では生じている．もう一つの理由は，MERA のテンソルの足がもつエンタングルメントは最大とは限らず，一様等方とも限らないからである．

これらの問題のかなりの部分は，量子誤り訂正符号の考え方を応用した**完全テンソルネットワーク**（HaPPY 模型とも呼ばれる）を考えることで解決することができる (Pastawski-Yoshida *et.al.* JHEP **1506** (2015) 149)．この完全テンソルネットワークは大変美しい模型で，すべてのテンソルの足は最大エンタングルメントを有しており，式 (6.9) は等号となる．また 5.2 節で説明したエンタングルメント・ウェッジの構造を近似的に再現することも示されている．その意味でゲージ重力対応のトイ模型として大変重宝されている．しかしながら，完全テンソルネットワークで記述される量子状態は，制限された密度行列 ρ_A の固有値がすべて等しい（フラットスペクトラムと呼ばれる）という性質をもっており，共形場理論の基底状態とは異なる状態となっている点などは注意が必要である．

では，ゲージ重力対応における反ドジッター時空の時間一定面は，共形場理論の基底状態からどのように創発するのであろうか．前述のとおりテンソルネットワークを用いる手法は現在のところ明確な導出に至ってはいないものの，そのアイデアや定性的側面は大きなヒントとなると思われる．そこで，基底状態の波動関数を正確に再現しながら，テンソルネットワークをゲージ重力対応に即した形で実現したい．それを場の理論の枠組みで実現する手法が次節で紹介する**経路積分の効率化**である．

6.3 経路積分の効率化とゲージ重力対応

場の理論において基底状態の波動汎関数は，3 章で見たようにユークリッド時間の経路積分 (3.19) で与えられる．簡単のため 2 次元共形場理論の場合を考察しよう．座標を導入して，空間方向を x，ユークリッド時間方向を τ としよう．この経路積分をコンピュータで数値計算をする場合を考察してみよう．このためには，2 次元座標 (τ, x) を格子状に離散化する必要がある（図 6.3 の左図参照）．基底状態の波動汎関数の欲しい精度（空間解像度）に相当する格子間隔を ϵ とすると，離散化された空間の単位格子は，τ と x の双方向に長さが ϵ である．しかし，このように離散化した数値計算は効率的であろうか．ユークリッド時間の経路積分では，$\tau = -\infty$ の初期状態の詳細によらず，$\tau = 0$ では基底状態が得られる．したがって，まず $\tau = -\infty$ では，離散化を細かくする必要はまったくなく，すべてまとめて一つのマクロな格子としてよい．その後 τ が大きくなるにつれて，$|\tau|$ に格子のサイズが比例するように，徐々に離散化を細かくしていき，$\tau = 0$ で，欲しい精度に相当する格子間隔 ϵ の離散化となるようにすればよい（図 6.3 の中央図参照）．ここで格子サイズを $|\tau|$ 程度にとるのは，$\tau = -\tau_0\,(<0)$ から $\tau = 0$ の経路積分は $e^{-\tau_0 H}$ という作用と同じであり，エネルギー H が基底状態より $1/\tau_0$ 程度以上大きい励起はこの作用で十分減衰するからである．このように過剰な離散化をなるべく避け，効率的な数値計算を行うことを考えると，自然に図 6.3 の中央図のようになり，各格子の面積を等しいとすると，自然に反ドジッター時空の時間一定面を離散化した空間が得られる．これが著者らによる**経路積分の効率化**とよばれる手法である (Caputa *et.al.* Phys.Rev.Lett. **119** (2017) no.7, 071602).

この議論を計量を用いて定量的に表してみよう．まず，図 6.3 の左図に相当する離散化を行ったもとの空間の計量を

$$ds^2 = \frac{1}{\epsilon^2}(d\tau^2 + dx^2), \tag{6.11}$$

と表そう．ここで，離散化の単位格子の面積が 1 であるというルールで計量を定めている．実際，このもともとの離散化では，τ と x の双方の格子間隔が ϵ

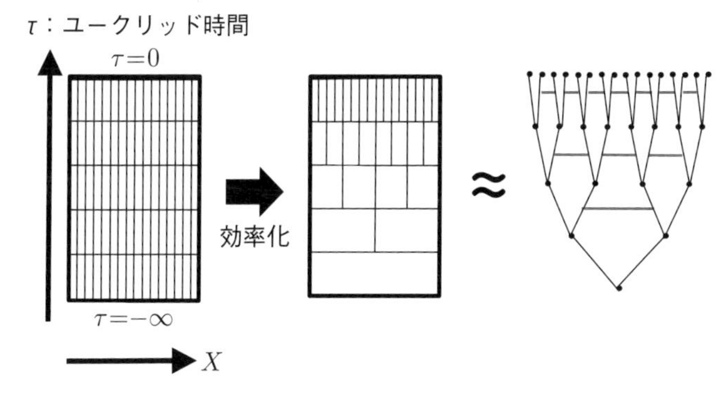

図 6.3 経路積分の効率化の描像．平坦な空間の経路積分に対応するもとの離散化（左図）とその効率化したもの（中央図），そして，各格子をテンソルに置き換えたネットワーク（右図）を描いた．

であった．

さて，次に，正しい基底状態の波動汎関数を再現する条件の下で離散化を最小にするという，前述の経路積分の効率化を行う．このように離散化の仕方を変える過程は，計量を変える操作として記述することができる．2 次元の計量は適当な座標変換を施すと，必ず

$$ds^2 = e^{2\varphi}(d\tau^2 + dx^2), \tag{6.12}$$

という形に表すことができることはすでに式 (3.23) で利用した．この φ は一般に τ と x の関数である．経路積分で最終的に $\tau = 0$ で，正しい基底状態の波動汎関数を再現することを要請すると，$\tau = 0$ で離散化が格子間隔 ϵ となっていること，つまり計量の言葉でいうと

$$e^{2\varphi}|_{\tau=0} = \frac{1}{\epsilon^2}, \tag{6.13}$$

を課す必要がある．

では，経路積分の効率化を行うと，どのように φ が選ばれるのであろうか．そのためには，離散化の大きさを見積もる量が必要で，それを最小化することで φ を選べばよい．離散化の大きさの良い目安を次のようにして得ることができる．まず，計量 (6.12) は，もとの平坦な計量 (6.11) の局所的なスケール変換

となっているが，今考えている共形場理論では，スケール対称性を有している．したがって，得られる波動汎関数は，スケール変換で変わらないはずであり，つまり，平坦な計量 (6.11) で得られる基底状態の波動汎関数が，計量 (6.12) の場合でも得られる．しかし正確には，両者の波動汎関数は比例関係にあっても，まったく等しいというわけではない．この比例係数は，分配関数のスケール変換の下での比例係数と同じであり，式 (3.29) で説明したリュービル理論による 2 次元共形場理論の分配関数の表示を用いると

$$\Psi_{ds^2=e^{2\varphi}(d\tau^2+dx^2)} = e^{I_L(\varphi)-I_L(-\log\epsilon)} \cdot \Psi_{ds^2=\frac{1}{\epsilon^2}(d\tau^2+dx^2)}, \qquad (6.14)$$

となる．ここで，Ψ_* は $*$ の計量で与えられる空間の経路積分で計算される波動汎関数を意味する．$I_L(\varphi)$ はリュービル作用で，φ のスケーリングにより $\mu=1$（これはちょうど，単位格子の面積を 1 とみなすというノーマリゼーションに相当）として，

$$I_L(\varphi) = \frac{c}{24\pi}\int d\tau dx[(\partial_\tau\varphi)^2 + (\partial_x\varphi)^2 + e^{2\varphi}], \qquad (6.15)$$

と書ける．もちろん，波動関数の全体として大きさ（ノーマリゼーション）には物理的な意味はないが，式 (6.14) に現れる因子は数値計算のコストとしての意味がある．そこで，$I_L(\varphi)$ を「離散化の大きさ＝数値計算のコスト」として，この量を式 (6.13) の条件の下で最小化した計量を「経路積分の効率化したもの」と考えることは妥当であろう．

以上のように計量を用いて定量化された経路積分の効率化であるが，具体的に実行してみよう．今は基底状態を考えているので，x 方向の並進対称性を課すことができる．$I_L(\varphi)$ が最小となるように，運動方程式

$$\partial_\tau^2\varphi = e^{2\varphi}, \qquad (6.16)$$

を (6.13) の境界条件の下で解くと

$$e^{2\varphi} = \frac{1}{(\tau-\epsilon)^2} = \frac{1}{z^2}, \qquad (6.17)$$

と求まる．ここで $z=\epsilon-\tau$ とおいた．このようにして，$\epsilon < z < \infty$ の領域で

$$ds^2 = \frac{1}{z^2}(dz^2 + dx^2), \tag{6.18}$$

という計量が得られるが，これはちょうど AdS_3 の時間一定面（すなわち双曲面）に $z > \epsilon$ という共形場理論の紫外カットオフ (4.15) に相当する条件を課した空間である．この空間の離散化が図 6.3 の中央図に相当する．

次に，有限温度の場合に目を向けよう．有限温度はカノニカル分布 (2.6) の混合状態で記述できるが，経路積分の効率化を利用するには，純粋状態（すなわち単一の波動関数）でなくてはならない．そこで，ヒルベルト空間を拡張して，純粋状態で記述すること，つまり純粋化 (5.12) を行うことにする．このために，もとの共形場理論とまったく同じヒルベルト空間のコピーを用意して，次のような純粋状態を考えよう：

$$|\Psi_{\mathrm{TFD}}\rangle = \frac{1}{\sqrt{Z}} \sum_n e^{-\frac{\beta}{2}E_n} |n\rangle_1 |n\rangle_2. \tag{6.19}$$

ここで，$|n\rangle$ はエネルギー固有状態で，E_n はそのエネルギーとした．$Z = \sum_n e^{-\beta E_n}$ は有限温度の分配関数であり，$|\Psi_{\mathrm{TFD}}\rangle$ はノルムが 1 に正規化されている．$|n\rangle_1$ と $|n\rangle_2$ はもとの共形場理論とそのコピーのヒルベルト空間におけるエネルギー固有状態を意味する．このような純粋状態を**熱場ダブル状態**と呼ぶ．実際，コピーのヒルベルト空間についてトレースをとると

$$\mathrm{Tr}_2 |\Psi_{\mathrm{TFD}}\rangle\langle\Psi_{\mathrm{TFD}}| = \frac{1}{Z} \sum_n e^{-\beta E_n} |n\rangle_1 \langle n|, \tag{6.20}$$

となり，もとの共形場理論のカノニカル分布を再現するので正しい純粋化となっている．この見方をすると，もとの共形場理論とコピーの共形場理論の間の量子エンタングルメントがあり，そのエンタングルメント・エントロピーがもとの共形場理論の熱力学的エントロピーに等しくなる．

さて，この熱場ダブル状態 $|\Psi_{\mathrm{TFD}}\rangle$ に対して経路積分の効率化を適用しよう．このためには，まず，式 (6.19) がユークリッド時間並進演算子 $e^{-\frac{\beta}{2}H}$ に相当することに注目する．つまり，基底状態では $\tau = -\infty$ から，$\tau = 0$ まで経路積分したが，今の場合は，$\tau = -\frac{\beta}{4}$ から $\tau = \frac{\beta}{4}$ まで経路積分すると，その両端の場（抽象的に ϕ で表す）の配位：$\phi(\tau = -\beta/4, x)$ と $\phi(\tau = \beta/4, x)$ がそれぞれ，も

との共形場理論，コピーの共形場理論のヒルベルト空間に相当する．したがって，この $-\beta/4 < \tau < \beta/4$ の領域でリュービル作用 $I_L(\varphi)$ を最小化すればよい．運動方程式 (6.16) を境界条件 $e^{2\varphi}|_{\tau=\pm\beta/4} = \frac{1}{\epsilon^2}$ の下で解くことで，

$$e^{2\varphi} = \frac{4\pi^2}{\beta^2 \cos^2\left(\frac{2\pi\tau}{\beta}\right)}, \tag{6.21}$$

という解を得る．ここで，紫外発散を除去するために τ を微小量 ϵ だけシフトして τ 座標を $-\beta/4 + \epsilon < \tau < \beta/4 - \epsilon$ の領域で定義しよう．このようにして，有限温度に対応する空間として

$$ds^2 = \frac{4\pi^2}{\beta^2 \cos^2\left(\frac{2\pi\tau}{\beta}\right)}(d\tau^2 + dx^2), \tag{6.22}$$

が得られた．座標変換 $\tanh\frac{\rho}{2} = \tan\frac{\pi\tau}{\beta}$ を施すと，

$$ds^2 = d\rho^2 + \frac{4\pi^2}{\beta^2}\cosh^2\rho dx^2, \tag{6.23}$$

となる．これは3次元反ドジッター・ブラックホール（BTZブラックホールとも呼ばれる）の時間一定面となっている．実際に，$\cosh\rho = \frac{\beta}{2\pi z}$ となるように座標 z を導入すると

$$ds^2 = \frac{1}{z^2}\left(dx^2 + \frac{dz^2}{1-\left(\frac{2\pi z}{\beta}\right)^2}\right), \tag{6.24}$$

となり，確かに反ドジッター・ブラックホール解 (4.16) の時間一定面を再現している．

ここで，式 (6.23) の計量から読み取れるように，得られた空間は，もとの共形場理論に漸近する境界 $\tau \to -\beta/4$ と，熱場ダブル状態のコピーの共形場理論に漸近するもう一つの境界 $\tau \to \beta/4$ をつなぐ構造をもっており，中間部 $\tau = 0$ では最も断面が小さくなってる．このような空間構造を**ワームホール**と呼ぶ．特に今のようにブラックホール時空に現れるワームホールは，**アインシュタイン・ローゼンの橋**と呼ばれる．ただし，この種のワームホールは因果的につながり

のない領域間を結び付けており，物理的観測者にとって通過が不可能なワームホールであることは注意されたい．このように二つの共形場理論は量子エンタングルメントを有しているが，ゲージ重力対応で見ると両者の間をワームホールがつないでいることに対応する．両者のエンタングルメント・エントロピーは，このブラックホール時空の地平面の面積から計算されるブラックホールエントロピーと等しいのである．

以上のように経路積分の効率化によって，ゲージ重力対応が予想する反ドジッター時空やそのブラックホールの幾何学が創発することがわかる．6.2 節で触れたテンソルネットワークによる空間の創発のアイデアでは，反ドジッター時空の時間一定面のユークリッド空間が，ユニタリー変換などから構成される実時間発展に類似するテンソルネットワークに対応するという主張に根本的な問題があった．しかし，経路積分の効率化ではユークリッド空間を考えており，ちょうど，反ドジッター時空の時間一定面を再現するのはとても自然である．また，離散化された経路積分を図 6.3 の右図のような（テンソルがユニタリーやアイソメトリーではない）テンソルネットワークと解釈することもできる．

しかし，いくつか注意すべき点がある．本当に重力理論を共形場理論から導出するには，アインシュタインの一般相対論そのものを導く必要があり，計量を求めることはその第一歩にすぎない．実際に，上記の解析は任意の 2 次元共形場理論を対象にしており，自由場理論のように通常のゲージ重力対応が適用できない共形場理論でも，逆に強結合で一般相対論に対応すると考えられる共形場理論でも，まったく同じように取り扱っていることになる．この両者の識別には，重力理論がどの程度小さな長さスケールで局所的に振る舞うのかを明確にする必要がある．例えば一般相対論のような局所的な古典重力理論は，プランクスケールより大きな長さスケールで，量子重力理論の良い近似となる．この意味で，ゲージ重力対応の起源を理解する上でも，経路積分の効率化の手法の今後のさらなる発展が重要である．

6.4 量子計算の複雑性とゲージ重力対応

本書の最後の話題として**量子計算の複雑性**について手短に述べたい．入力された量子状態に，様々なユニタリー演算を作用させて，最終的に得られた状態を出力するような装置を**量子回路**と呼び，これは**量子計算機**の基本的な構造である．個々のユニタリー演算（典型的には二つのスピン間のユニタリー演算）を**ゲート**と呼ぶ．このとき使えるゲートの種類は固定しておく．

量子回路はゲートの集まりであり，解きたい問題に対して構成され，同じ結果を与える量子回路の中でも，当然最も簡単なものを選ぶべきである．そこで，与えられた問題の量子計算に対して，量子回路がどれだけ複雑であるかを見積もる量（**量子計算の複雑性**とよぶ）を「その問題を解くことができる量子回路の中でも最もゲートの数が少ないものに含まれるゲートの数」として定義する．

例えば，あるスピン系の量子状態 $|\psi\rangle$ を自明な直積状態 $|\psi_0\rangle = |0\rangle|0\rangle\cdots|0\rangle$ からゲートを作用させて構成する問題を考える．このときに，$|\psi_0\rangle$ を $|\psi\rangle$ にマップする量子回路のうち最も効率の良いもの，すなわち，最小のゲート数をもつものを考え，そのゲート数を量子状態 $|\psi\rangle$ の複雑性とみなそう（図 6.4 を参照）．与えられた問題の量子計算を行うために必要最小限のゲートの数を量子計算の複雑性と呼ぶことは前述のとおりだが，それを特に量子状態の生成の問題に適用すると上記の量子状態の複雑性となるのである．

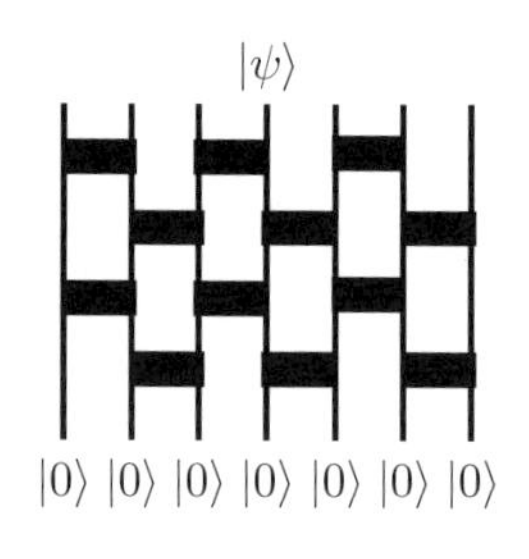

図 6.4　量子回路の例．あるスピン系の量子状態 $|\psi\rangle$ を自明な直積状態 $|\psi_0\rangle = |0\rangle|0\rangle\cdots|0\rangle$ からゲートを作用させて構成する量子回路を表す．

このようにして，量子状態がどれだけ複雑であるかという目安になる量を導入することができる．6.2節で説明したテンソルネットワークも広い意味で量子回路とみなせ，この場合も自明な状態からスピン系の基底状態のような非自明な量子状態へマップしている．その意味で，テンソルネットワークで表される量子状態の複雑性を，そこに現れるテンソルの数と見積もることができる．例えば図6.2のMERAのテンソルネットワークでは，系全体のサイズをLとすると，合計$O(L)$のアイソメトリーとユニタリー変換のテンソルから構成されている．したがって，2次元共形場理論の基底状態の複雑性は$O(L)$，すなわち体積に比例することがわかる．高次元の共形場理論でも類似の議論で，やはり基底状態の複雑性は，体積則に従うことがわかる．

ではゲージ重力対応で重力理論の立場で見る場合に，量子状態の複雑性はどのように計算できるだろうか．この問題については完全な回答は得られていないが，興味深い予想がいくつか知られている．そのうちの一つは，反ドジッター時空の時間一定面がテンソルネットワークに対応するという予想を思い出すと簡単に思いつく．つまり，反ドジッター時空の時間一定面の体積が基底状態の複雑性に相当するだろうと推測される (Stanford and Susskind, Phys.Rev. D **90** (2014) no.12, 126007)．実際にAdS_{d+2}で見積もると

$$\mathrm{AdS}_{d+2}\text{の時間一定面の体積} = V_d \int_\epsilon^\infty \frac{dz}{z^{d+1}} = \frac{V_d}{d\epsilon^d}, \tag{6.25}$$

となり，体積則を再現する．ここでV_dは共形場理論の空間方向の体積を意味する．

場の理論で量子状態の複雑性はどのように計算できるであろうか．そこで前節の経路積分の効率化を思い出そう．ただし，ユークリッド経路積分なのでユニタリーではなく，非ユニタリーなゲートを考えていることに注意しよう．このとき，計算コストを表すリュービル作用 (6.15) が複雑性の見積もりを与えると考えるのは自然である．実際に，式 (6.17) の解を，リュービル作用 (6.15) に代入すると

$$I_L = \frac{c}{24\pi}\int dx \int_\epsilon^\infty dz \frac{2}{z^2} = \frac{cV_1}{12\pi\epsilon}, \tag{6.26}$$

となり，重力理論からの予想 (6.25) やテンソルネットワークでの見積もりのよ

うにやはり体積に比例する．経路積分の効率化の離散化の様子（図 6.3 の中央図）をテンソルの集合とみなすことで MERA に類似したネットワークと思うことができる（図 6.3 の右図）．このとき，興味深いことに，リュービル作用の運動項が三つ足のテンソル（MERA のアイソメトリー），ポテンシャル項が四つ足のテンソル（MERA のユニタリー）の数に相当する (Czech, Phys.Rev.Lett. **120** (2018) no.3, 031601)．量子状態の複雑性は，その量子状態を作り出す量子回路のうちゲートの数が最小になるものを選んで定義されるが，これはちょうど経路積分の効率化で，離散化に対応するテンソルの数の最小値をとることにうまく対応している．

以上で見てきたように，共形場理論の状態は複雑であるが，その複雑性の度合いが対応する重力理論における（時刻一定面の）体積に相当していると考えられる．また，そのような複雑な状態をなるべく効率的にミクロなゲートを組み合わせて作り出す過程を反ドジッター時空の幾何学が表現しているのである．量子エンタングルメントから重力理論の時空が創発するという考え方を前に説明したが，ある意味，それと同じ現象を量子計算の複雑性という別の角度から見ていることになっている．

おわりに

本書では，量子論の基本的な性質である量子エンタングルメントから出発して，それが無数に集まることで重力理論の宇宙が生まれるという最新の話題を，駆け足ではあったが，順を追って説明してきた．ミクロな世界の物理法則である量子論と，マクロな世界である宇宙という一見まったく異なる物理学の研究対象が実は根源的に深く関わり合っているわけであるが，その鍵の一つが，量子多体系と重力理論の等価性であるゲージ重力対応であった．ゲージ重力対応は，発見からすでに二十数年経過しており，非常に多くの証拠があるにもかかわらず，未だその証明は存在しない．また，現在の理解ではゲージ重力対応は負の宇宙定数をもつ時空（反ドジッター時空）に対してのみ適用できる．現実の宇宙や宇宙創成の過程では，むしろ正の宇宙定数をもつ（ドジッター時空）と考えられている．その意味で，ドジッター時空のような正の曲率をもつ宇宙のホログラフィー原理を開拓することは極めて重要な課題である．しかし，この問題は前述のゲージ重力対応に証明が存在していないことと表裏一体である．なぜならば，ゲージ重力対応の証明が得られれば，それを変形することで，正の宇宙定数の場合に拡張できると期待するのは自然だからである．

したがって，今後の研究で最も重要な課題は，ゲージ重力対応を直接証明することであろう．つまり，共形場理論からスタートして，それと等価な重力理論を導出することである．これはかなり難しい問題であるが，そのヒントになるのが量子エンタングルメントのような量子情報理論的な視点であろう．重力理論の宇宙が量子エンタングルメントの集積と解釈できるという予想は，背景の詳細によらない普遍的な主張であり，ゲージ重力対応を超えて，ドジッター時空に対しても適用できると考えるのは自然である．つまり共形場理論の量子エンタングルメントをうまく捉える理論的な枠組みを見出すことができれば，ゲージ重力対応の直接的導出も可能になるかもしれない．エンタングルメント・エントロピーや量子計算の複雑性のゲージ重力理論における計算は，そのような枠組みの氷山の一角のようなものであろう．

またエントロピーという本書ではたびたび登場したキーワードも，今後の研究でさらに重要になるであろう．本書で解説したように，ブラックホールのエントロピー（ベッケンシュタイン・ホーキング公式）やゲージ重力対応のエンタングルメント・エントロピー（笠–高柳公式）のような面積公式で与えられる重力理論特有のエントロピーがあり，その性質の詳細もこれまでの研究で明らかになってきている．しかし，なぜそもそも，重力理論では，一般相対性理論のように古典的な理論を考えているのにもかかわらず，エントロピーが存在するのか明確な理解は未だ得られていない．例えばスカラー場理論やフェルミオン場理論の古典的な場の理論においてはエントロピーは存在しない．統計物理学で勉強するように，量子化を行い，離散的なエネルギー準位があるおかげでエントロピーが説明されるからである．これらの場の理論と重力理論は大きく異なり，空間領域を二つに分けると，その分割曲面上にエッジモードと呼ばれる隠れた自由度が存在して，その自由度から生じるエントロピーが実は，面積公式で与えられる重力のエントロピーを与えるのではないか，という予想も提案されている．例えば，物性物理で重要な量子ホール効果の量子系を考えると，量子系の内部では質量ギャップがあり，低エネルギーでの自由度は存在しないが，量子系を二つに切ると，その境界にギャップレスな自由度（エッジモード）が生じることはよく知られている．重力理論も同様で，二つに切ると，その切断面に新しい自由度が生まれるのではないか，という考え方である．そう考えると，ゲージ重力対応自体もそれに類似している．つまり，重力理論の時空の境界を考えると，その境界に局在した自由度（共形場理論）が存在することになるからである．このように重力のエントロピーの起源は，ゲージ重力対応の本質と密接に関係しているが，この方面の研究は最近始まったばかりであり，今後の大いなる発展が望まれる．

用語解説

純粋状態 (pure state) と混合状態 (mixed state)：量子論において，一つの波動関数で指定される状態を純粋状態と呼ぶ．複数の純粋状態が，ある確率分布で古典的に混じり合った状態を，混合状態と呼ぶ．

量子ビット (qubit)：スピン 1/2 の自由度を 1 量子ビットと呼び，これは量子情報の最小単位である．$|0\rangle$ と $|1\rangle$ の線形結合で状態が表される量子状態である．N 個の量子ビットを集めたものを N 量子ビットと呼ぶ．

量子エンタングルメント (quantum entanglement) とベル状態 (Bell state)：量子論に特有なミクロな二体間の相関を量子エンタングルメントと呼ぶ．2 量子ビット系で最大の量子エンタングルメントを有するものがベル状態（EPR 状態とも呼ばれる）である．

エンタングルメント・エントロピー (entanglement entropy)：純粋状態に対して二体間の量子エンタングルメントの大きさを測る量がエンタングルメント・エントロピーである．二体のうち一方の情報にアクセスできないとした場合に生じる情報の不確定性の量をフォン・ノイマン・エントロピーを用いて定量化したものである．

共形場理論（conformal field theory，CFT と略記）：量子多体系の自由度を場として量子化したものが場の理論（場の量子論）であるが，特に，場の理論の中で共形対称性（角度を変えない幾何学的変換に対する不変性）を有するものを共形場理論と呼ぶ．質量がゼロの素粒子を記述する場の理論と思って差し支えない．

ブラックホールのエントロピー (black hole entropy)：アインシュタインの一般相対論の古典解として現れるブラックホールは，自身の強い重力のために，周りの物質を強く引き付け，光ですらその内部から外へ出ることができない．ブラックホールは，例えば重い星などが重力で崩壊して形成されるが，そのときに星の内部にもともとあった物質の情報は，ブラックホールが形成されると外部の観測者にはアクセスできなくなる．そのためにブラックホールの内部には情報が隠れていると期待される．ブラックホールのエントロピーはこの隠れた情報量を表す．実際に一般相対論を用いて解析をするとブラックホールは熱力学の法則に従うことがわかり，その際に現れるエントロピーがブラックホールのエントロピーであり，ブラックホールの表面積を重力定数の 4 倍で割ったもので与えられる．

超弦理論 (superstring theory)：物質の最小単位がサイズがゼロの粒子であると考えるのが素粒子理論であるが，重力の相互作用を取り入れると，場の理論の計算では物理量が発散してしまう（紫外発散する）問題が生じる．この発散は，粒子のサイズがゼロであることに由来しており，粒子の代わりに，小さいが有限のサイズをもつ弦（ひも）が物質の最小単位であると仮定して構成される理論が超弦理論である．「超」は理論を安定化するために導入するフェルミオンとボソンを入れ替える対称性である超対称性に由来する．弦には，輪ゴムのように端をもたないもの（閉弦と呼ぶ）と，両端をもつもの（開弦）の 2 種類あり，前者は重力場，後者はゲージ場を記述する．

D ブレイン (D-brane)：超弦理論において，開弦の端点が付着することでできる膜のような物体を D-brane と呼ぶ．時間方向に加えて，p 次元の空間方向に広がっている D-brane を Dp-brane と呼ぶ．D-brane は超弦理論において，非常に重い物体であり，多くの D-brane が集合すると，ブラックブレイン（ブラックホールの高次元化）となる．「D」とは端点で課す超弦のディリクレ境界条件に由来する．

ホログラフィー原理 (holographic principle)：ある時空を記述する重力の理論が，それよりも 1 次元低い時空における量子多体系（場の理論）と等価であるという予想がホログラフィー原理である．後者は前者の時空の境界に存在すると通常考えられている．ブラックホールのエントロピーが体積ではなく面積に比例することから得られた予想である．特別な場合として，超弦理論におけるゲージ重力対応がよく知られている．

反ドジッター時空 (anti de-sitter space)：負の曲率をもち，最大の対称性を有する時空が反ドジッター時空である．時間方向を含む境界を有するのが特徴であり，超弦理論の D ブレインを用いて実現できる．

ゲージ重力対応 (gauge/gravity correspondence)：反ドジッター時空における重力理論が，その境界に存在するゲージ理論と等価であるという予想がゲージ重力対応である．反ドジッター時空/共形場理論対応，（英語で AdS/CFT correspondence）とも呼ばれる．超弦理論の D ブレインに対する考察から発見された．非常に多くの例で検証され，正しいことは疑いようがないが，その証明自体は現在も未解決である．

テンソルネットワーク (tensor network)：例えば多数のスピンから構成される量子系のような量子多体系の量子状態の波動関数を幾何学的なネットワークを用いて表現する手法．期待される量子エンタングルメントを有するようにネットワークを構成することで，複雑なハミルトニアンを有する量子多体系の基底状態を求める際でも，変分法の良い試行関数を与えることができる．

参考図書

[1] 高柳　匡著，SGC ライブラリ 106「ホログラフィー原理と量子エンタングルメント」，サイエンス社，2014 年 4 月.
電子版：「ホログラフィー原理と量子エンタングルメント」，SDB Digital Books 25，サイエンス社，2017 年 3 月.

[2] 石坂　智・小川朋宏・河内亮周・木村　元・林　正人著，「量子情報科学入門」，共立出版，2012 年.

[3] M. Rangamani and T. Takayanagi, "Holographic Entanglement Entropy", Lecture Notes in Physics, Springer, 2017.

[4] 高柳　匡著，パリティー「量子情報による時空の創発」，丸善出版，2017 年 12 月号.

索　引

英数字

あ

か

さ

た

な

は

ま

や

ら

わ

MEMO

MEMO

MEMO

著者紹介

高柳　匡（たかやなぎ　ただし）

2002 年　東京大学大学院理学系研究科博士課程修了　博士（理学）
2002 年　ハーバード大学ジェファーソン研究所　研究員
2005 年　カリフォルニア大学カブリ理論物理学研究所　研究員
2006 年　京都大学大学院理学研究科助手（のちに助教）
2008 年　東京大学数物連携宇宙研究機構　特任准教授
2012 年－現在　京都大学基礎物理学研究所　教授

専　門　素粒子理論

主　著　数理科学 SGC ライブラリ 106『ホログラフィー原理と量子エンタングルメント』（サイエンス社，2014）
“*Holographic Entanglement Entropy*” 共著 (Springer, 2017)

趣味等　温泉・歴史・鉱物採集

受賞歴　2011 年 第 4 回湯川記念財団・木村利栄理論物理学賞受賞
2013 年 第 28 回西宮湯川記念賞受賞
2014 年 New Horizons in Physics Prizes 受賞
2016 年 仁科記念賞受賞

基本法則から読み解く 物理学最前線 23

量子エンタングルメントから創発する宇宙

Emergence of the Universe from Quantum Entanglement

2020 年 9 月 10 日　初版 1 刷発行
2024 年 5 月 10 日　初版 3 刷発行

検印廃止
NDC 421.3

ISBN 978-4-320-03543-0

著　者　高柳　匡　© 2020
監　修　須藤彰三
　　　　岡　真
発行者　南條光章
発行所　**共立出版株式会社**
東京都文京区小日向 4-6-19
電話　03-3947-2511（代表）
郵便番号　112-0006
振替口座　00110-2-57035
www.kyoritsu-pub.co.jp

印　刷
製　本　藤原印刷

一般社団法人
自然科学書協会
会員

Printed in Japan